JORGE LABORDA

QUILO DE CIENCIA
VOLUMEN II
(2003-2004)

© Jorge Laborda, 2014

Reservados todos los derechos

All rights reserved

JORGE LABORDA

QUILO DE CIENCIA
VOLUMEN II
(2003-2004)

Artículos de divulgación científica lo más informativos comprensibles y divertidos que un soñador pudo crear

© Jorge Laborda, 2014

Reservados todos los derechos

All rights reserved

TÍTULO:
Quilo de Ciencia Volumen II (2003-2004)

AUTOR:
Jorge Laborda

© Jorge Laborda Fernández, 2014

EDICIÓN Y COORDINACIÓN:
Jorge Laborda

MAQUETACIÓN:
Jorge Laborda

PORTADA:
Alberto Nueda y Jorge Laborda

IMPRESIÓN:
Lulu

Reservados todos los derechos. De acuerdo con la legislación vigente y bajo las sanciones en ella previstas, queda totalmente prohibida la reproducción o transmisión parcial o total de este libro, por procedimientos mecánicos o electrónicos, incluyendo fotocopia, grabación magnética, óptica, o cualesquiera otros procedimientos que la técnica permita o pueda permitir en el futuro, sin la expresa autorización, por escrito, de los propietarios del copyright.

ISBN: 978-1-326-08778-4

Reservados todos los derechos
All rights reserved

ÍNDICE

Contra La Soledad Cósmica	1
Chimpanzómica	5
Un Gen Para Una Locura	9
Los Premios InNobel	13
Marcapasos Biológicos	17
Cicatrización Biotecnológica	21
Células Madre Inesperadas	25
Nutrición y Autodestrucción	29
La Lengua Chasquear	33
Algo De Historia Del ADN	37
El Experimento De Hershey y Chase	41
Paleontología Molecular	45
Veinte Años Sabiendo Del Virus Del Sida	49
Una Nueva Vacuna Contra El Cáncer	53
¿Será Posible Predecir Los Seísmos?	57
Transdiferenciación Celular Antidiabética	61
Se Nos Ha Caído El Pelo	65
Fútbol y Sangre	69
Comedores De Bacterias	73
Viaje Neuroastral	77
Los Tres Cerditos, Clonados	81
Nuevos Datos Sobre El Tabaquismo	85
Cefeidas	89
Justicia ADN	93
¿Por Qué Se Rompen Las Galletas?	97
Secretos De La Felicidad	101
Riesgo Genético De Cáncer De Mama	105
Criaturas Grandes y Pequeñas	109
Clonación y Ética	113
Juventud, De Vino Tesoro	117
Guerras De Semen	121
ITER	125
Resistencia Cero	129
Ciencias En Letras	133
Usted, Usted, y Usted	137

Recuerdo Parcial	141
La Globalización De Los Microbios	145
Jamones Omega-3	149
Nuevo Diagnóstico Para La Osteoporosis	153
Empatía y Predicción	157
El Gen De Troya	161
Terapia Electrificante	165
Causas De Extinción Masiva	169
El Cerebro Obeso	173
Una Pequeña Gran Tecnología	177
Vida Demiúrgica	181
Rechazo Corporal	185
Nanordenadores Biológicos	189
Ultraconservación Genética	193
Gen y Can	197
¿Comprenden Palabras Los Perros?	201
Pseudociencia Mortal	205
Humanos Al Huso	209
La Ciencia Del Aire Acondicionado	213
La Vejez y La Mitocondria	217
Anticonceptivos Jóvenes y Viejos	221
El Cerebro, Mamá y El Jefe	225
Alzheimer y Omega-3	229
Inteligencia X y La Evolución Humana	233
Bacterias, Radiactividad y Cáncer	237
Homo altruistus	241
Ingeniería Biomimética	245
Marihuana y Salud Mental	249
¿Está El Más Allá Más Acá?	253
Atmósfera Navideña y Mercado Libre	257

Contra La Soledad Cósmica

¿ESTAMOS SOLOS EN el universo? La respuesta a esta pregunta es fundamental para muchos, tanto científicos como filósofos, e incluso, me atrevería a decir, para cualquier ser humano inteligente de la calle. Desde hace ya algunos años, existe un programa de búsqueda de señales de vida extraterrestre, llamado SETI (*Search for ExtraTerrestrial Intelligence*), del que ya hablé en estas páginas. Hasta la fecha, la búsqueda ha resultado infructuosa, y es que hay que tener en cuenta que el programa SETI solo puede encontrar civilizaciones lo suficientemente avanzadas tecnológicamente como para emitir ondas de radio o de televisión que puedan ser captadas por nuestra propia tecnología. De esta forma, con este ambicioso programa no podremos detectar si existe vida en otros planetas en un punto de la evolución anterior a solo hace algo más de cien años en la Tierra. Miles de millones de años de evolución de la vida pasan, pues, desapercibidos por dicho programa, lo que limita seriamente sus probabilidades de éxito.

Para responder a la pregunta de si estamos solos en el universo, podemos empezar con intentar detectar vida en alguno de los planetas de nuestra propia galaxia. De existir vida, se habría dado respuesta, nada menos que negativa, a la pregunta anterior. De no ser detectados signos de vida, tendríamos que seguir buscando fuera de nuestra propia galaxia, pero, si eso sucediera, las probabilidades de encontrarla serían mucho menores. Esto es así porque se calcula que nuestra galaxia contiene, al menos, diez mil millones de planetas. Es de esperar que, si la vida se desarrolla en tanto que las condiciones son propicias para ello, muchos de esos planetas la posean.

VER LA VIDA

¿Cómo detectamos vida en otros planetas? Bastaría con ir y mirar, claro; sin embargo, tendremos que conformarnos solo con mirar, porque ir es imposible. ¿Cómo miramos desde aquí con el suficiente aumento y resolución a un planeta como el nuestro que puede encontrarse más de un millón de veces más lejos que el planeta Marte? El ingenio y la imaginación de los astrónomos propone ya respuestas a esta pregunta.

Lo primero que los astrónomos están haciendo es buscar planetas alrededor de las estrellas más próximas al Sol. Se han encontrado más de cien, la mayoría gigantes gaseosos como Júpiter, aunque no se ha visto a ninguno, porque se les ha detectado solo por la influencia gravitatoria que ejercen sobre la estrella a cuyo sistema planetario pertenecen. Es evidente que sin visualizar directamente a los planetas no podremos detectar la existencia de vida en ellos. Un primer paso para lograr la visualización e intentar encontrar planetas mucho más pequeños de los detectados hasta ahora, quizá tan pequeños y cercanos a su estrella como nuestro querido planeta, es el lanzamiento de telescopios espaciales más potentes que el telescopio Hubble, que tantísima información sobre el universo ha proporcionado. El año que viene, 2004, se espera que un satélite europeo permita detectar planetas menores mediante el estudio de los eclipses parciales de la luz de sus estrellas que provocan al pasar frente a ellas. Se espera que, en diez años, este satélite haya permitido así la búsqueda de planetas en más de diez mil estrellas.

No acaban aquí los proyectos de los astrónomos. Estos planean lanzar al espacio, sobre el año 2014, a Darwin, un conjunto de cinco telescopios de un metro y medio de diámetro, menores que el Hubble, que tiene 2,4 m de diámetro. Estos cinco telescopios funcionarán, a un millón de kilómetros de la Tierra, bajo el principio de la interferometría, lo que les hará equivalentes a un telescopio espacial de cincuenta metros de diámetro. Puesto que la potencia de un telescopio se mide por las dimensiones del diámetro de su espejo principal, Darwin poseerá más de veinte veces la potencia de observación del telescopio Hubble. Esto permitirá detectar a los planetas como puntos de luz cercanos a sus estrellas. También permitirá analizar la luz proveniente de ellos para comprobar si algunos poseen o no atmósfera. Será posible analizar la composición química de dicha atmósfera y ver si está compuesta de gas carbónico o metano o, por el contrario, contiene elevadas proporciones de oxígeno, lo que indicaría la presencia de vida vegetal. Quizá en unos veinte años, pues, sepamos si nuestra galaxia contiene más planetas con vida.

IMÁGENES EXOTERRESTRES

No acaban aquí los propósitos de los astrónomos. Sobre el año 2020, se pondrá en marcha el proyecto *Exo-Earth Imager* (captador de imágenes exo-terrestre, EEI). Este proyecto se propone lanzar ciento cincuenta telescopios ultraligeros de unos tres metros de diámetro, que funcionarán también bajo el principio de la interferometría, y colocarlos en la órbita de Júpiter para que, lejos del Sol, gocen de un cielo casi perfectamente negro. Estos telescopios tendrán tal poder de resolución que podrán detectar detalles de unos mil kilómetros de longitud. Será posible así detectar mares y continentes o grandes formaciones nubosas sobre la superficie de planetas girando en torno a estrellas próximas al Sol. También se podrán detectar bosques o agrupaciones de dimensiones suficiente de otros seres vivos, si las hay.

La imaginación y determinación de los astrónomos, que trabajan sin la presión de investigar para curar la próxima enfermedad y obtienen aun así financiación suficiente para llevar a cabo estas fascinantes empresas científicas, no tiene límites terrestres. Así, para el año 2050, se proponen lanzar telescopios aun mayores, que funcionarán con espejos gaseosos mantenidos mediante rayos láser. Su poder de aumento será de unas diez mil millones de veces, lo que permitirá "visitar" los exoplanetas y pasearnos visualmente por sus paisajes en busca de signos de vida, quizá incluso de ciudades.

No es posible realizar proyectos de esta envergadura sin la colaboración de la Humanidad entera. Así, todas las agencias espaciales colaborarán para su realización. Ojalá esta colaboración acerque más a los pueblos de la Tierra. Ojalá que si se descubre que no estamos solos en la galaxia este conocimiento, junto con los descubrimientos que indican que humanos, animales y plantas son hermanos unidos por los genes, nos haga más conscientes de lo similares que todos los habitantes de este planeta somos y aproxime más a los seres humanos aún separados por barreras artificiales. Ojalá que los Reyes Magos no se cansen nunca y al final nos traigan el telescopio de la amistad.

6 de enero de 2003

Chimpanzómica

Hace solo unos días, se anunció la secuenciación del genoma del ratón. Los resultados de la primera comparación de genomas de mamífero de la historia de la ciencia reveló que humanos y ratones poseen más o menos los mismos genes, unos treinta mil. Solo unos pocos cientos de genes son exclusivos de una u otra especie, pero los tipos de genes presentes en ambos organismos son similares, pertenecientes a las mismas familias estructuralmente relacionadas.

No bien acaba de aclararse la polvareda científica provocada por esto cuando, quizá motivados por el interés de los hallazgos hechos posible por la comparación de los dos genomas, los Institutos Nacionales de la Salud estadounidenses han determinado que el proyecto de secuenciación del genoma del chimpancé debe ser prioritario. Un consorcio de laboratorios norteamericanos, liberados ahora de la tarea de la secuenciación del genoma del ratón, junto con otros laboratorios japoneses, se proponen obtener un primer borrador del genoma del chimpancé para el verano de este año. ¿Qué es lo que promete descubrir el genoma del chimpancé para que los científicos se quieran dar tanta prisa?

Promesas no nimias

No es un misterio. El genoma del chimpancé promete cosas importantes, tanto desde el punto de vista de la biología básica –si es que esa ciencia pura aún existe– como de la biomedicina. De todos los animales, el chimpancé es nuestro hermano más próximo. Lo que es más, exceptuando al bonobo –el chimpancé pigmeo–, nosotros somos también el hermano más próximo del chimpancé, y no el gorila o el orangután, evolutivamente más alejados de él que nuestra especie. Los datos de que disponemos ya hoy indican que aproximadamente el 95% de la secuencia de letras del ADN del chimpancé puede ser alineada con la secuencia del ADN humano. Esto quiere decir que la organización de los dos genomas es extraordinariamente similar. Además, en las regiones alineadas solo un 1,2% de las letras del ADN son diferentes entre ambas especies. La razón de que el 5% del genoma del chimpancé no pueda ser alineado con el humano es que se han producido incorporaciones o eliminaciones de determinados fragmentos de ADN, tanto en el genoma de uno como en el de otro, desde que divergieron como especies hace unos cinco o seis millones de años.

Una de las aportaciones que se espera de la secuenciación del genoma del chimpancé es la de que ayude a comprender mejor la evolución humana y las diferencias genéticas que contribuyen a hacer una especie distinta de la otra. Hoy en día se barajan dos teorías para intentar explicar esas divergencias. Una de ellas postula que las diferencias entre las dos especies pueden explicarse no en función de las diferencias genéticas que presentan, sino en función de las diferencias existentes en el patrón, espacial o temporal, de funcionamiento de los genes, por lo demás similares sino idénticos. Quizá pequeñas diferencias en genes encargados de la regulación del funcionamiento de los demás sean las causantes de las enormes diferencias entre humanos y chimpancés, mayores quizá, a simple vista que las diferencias entre orangutanes y chimpancés, aunque esas dos especies estén genéticamente más alejadas que lo que lo están chimpancés y humanos.

Otra teoría alternativa para explicar esas diferencias postula que en el proceso de evolución del chimpancé a los seres humanos se produjo una pérdida de genes, es decir, cambios en los genes que inutilizaron a algunos de ellos, permitiendo a los que quedaban desarrollar ciertas estructuras, como el cerebro, de manera diferente y más adecuada al ambiente evolutivo en el que vivieron los ancestros del ser humano. A favor de esta hipótesis se encuentran varios hechos, entre ellos la pérdida por parte de nuestra especie de ciertos genes involucrados en la fabricación de hidratos de carbono complejos, o la pérdida del pelo corporal.

Se espera, pues, que la comparación de los genomas de ambas especies ayude a comprender cómo tan pequeñas diferencias entre los dos genomas producen tan grandes diferencias en fenotipo y funcionalidad, en particular en capacidades como el lenguaje, el arte, la música, la religión…. En suma, se espera que esta información ayude a dilucidar qué nos hace humanos, a comprender por qué Tarzán y Chita son tan diferentes a pesar de vivir ambos en la selva.

BIOMEDICINA SIMIESCA

Desde un punto de vista más práctico, se espera que el genoma del chimpancé ayude a comprender la razón de la susceptibilidad del ser humano a ciertas enfermedades a las que el chimpancé es resistente. Entre estas se encuentra nada menos que el SIDA, pero también la hepatitis, la malaria o el Alzheimer. Además, ciertos procesos fisiológicos o de envejecimiento importantes, como la menopausia, quizá puedan ser mejor comprendidos, ya que en las hembras del chimpancé la menopausia es rara, mientras que es universal en las mujeres.

Sin embargo, no todo va a ser un camino de rosas, puesto que habrá que averiguar si las diferencias que puedan encontrarse entre chimpancés y humanos son significativas, en primer lugar, y luego si se han producido a lo largo de la evolución de la especie humana o, por el contrario, son cambios producidos en la evolución del chimpancé. Para averiguar esto, no queda más remedio que secuenciar el genoma de al menos otro de los grandes monos. De esta manera, comparando los tres genomas, si dos de ellos son idénticos en un particular gen mientras que el otro es diferente, se podrá concluir que la diferencia genética se ha producido precisamente durante la evolución del genoma de la especie que presenta esa diferencia. También se podrá quizá comprender así incluso hasta diferencias sociales como, por ejemplo, comprender por qué chimpancés y humanos son animales violentos, que se pasan la vida conspirando por el poder de la tribu, por espiritual, humanista o científico que sea el nombre que tiene la tribu, mientras que los bonobos, genéticamente muy relacionados con el chimpancé prefieren arreglar, u olvidar, sus diferencias haciendo el amor día y noche, mirándose a los ojos. ¿Encontraremos quizá el gen de "amaos los unos a los otros"? Ojalá que así sea. Seguro que más de uno y una estarían encantados en conocer ese secreto.

27 de enero de 2003

Un Gen Para Una Locura

A LO LARGO de la historia, los locos han sido estigmatizados y rechazados por la sociedad. La caza de brujas, en tiempos nunca lo suficientemente remotos, o los exorcismos, practicados aún por el Papa actual, han intentado reconvertir, o simplemente acabar con aquellos individuos tenidos por locos, bien porque lo eran, bien porque simplemente no se acomodaban al poder establecido. Para la mayoría de la gente, la locura era una terrible enfermedad, quizá peor que la peste u otras plagas, porque no se trataba de una enfermedad del cuerpo, sino una misteriosa condición que atacaba al alma, a las almas de aquellos que habían sido lo suficientemente perversos para dejar que el diablo, o las fuerzas del Mal, la dañaran o se la arrebataran.

Los avances de la medicina, pacientemente efectuados, muchas veces a espaldas de fuerzas poderosas que seguían interesadas en que todos creyeran los mitos establecidos sobre la locura, han demostrado ya, sin género de dudas, que la locura no es una enfermedad del alma, sino una enfermedad del cuerpo. Al igual que la hepatitis o la gastritis son enfermedades del hígado o del estómago, la locura, o las locuras, debiéramos decir, son enfermedades del cerebro. Gracias a los avances de la genética y de la biología molecular, se acaba de dar un paso importante para comprender las causas de la más común de las locuras: La esquizofrenia (si no tenemos en cuenta la locura aún más común de seguir fumando).

Esquizofrenia

"Esquizofrenia" es una palabra, utilizada por primera vez en 1911 por el médico Eugène Bleuler, la cual deriva del griego y significa inteligencia (fren) escindida (esquizo). La creencia más extendida sobre esta enfermedad es que consiste en poseer doble o múltiples personalidades, pero esto no es cierto. Bleuler utilizó esta palabra con la intención de explicar que los esquizofrénicos tienen su mente escindida de la realidad, no que la tengan escindida, propiamente dicho.

La esquizofrenia es una enfermedad bastante común, ya que una de cada cien personas la padece. Este desorden mental se encuentra disperso por todo el mundo, en el que hay alrededor de sesenta millones de esquizofrénicos, y atañe a todas las razas y culturas. La esquizofrenia afecta a hombres y mujeres en igual proporción, y suele aparecer en la tercera década de la vida, aunque los hombres parecen desarrollar la enfermedad en una edad más temprana que las mujeres.

La conducta de los pacientes de esquizofrenia suele ser muy rara y chocante. Estos pacientes pueden sufrir de extrañas y falsas creencias como, por ejemplo, pensar que los extraterrestres controlan sus acciones. Los esquizofrénicos suelen también sufrir alucinaciones de varios tipos, que incluyen las auditorias (voces que les dicen lo que deben hacer), las visuales (ven extrañas luces u objetos), las olfativas y también las táctiles (pueden sentir, por ejemplo, que hordas de insectos les corren por la piel bajo la ropa). Con este panorama, no es de extrañar que los esquizofrénicos presenten problemas de coherencia y organización del pensamiento y sus conversaciones no sean consecuentes, o cambien de tema de conversación sin venir a cuento.

Desde hace bastante tiempo, se sabe que los genes desempeñan un papel importante en el desarrollo de esta enfermedad. Así, un hermano gemelo de otro esquizofrénico tiene mucha mayor probabilidad de convertirse en esquizofrénico que un hermano no gemelo. Igualmente, los hijos de padres esquizofrénicos tienen mayor incidencia de esta enfermedad, aunque en este caso no está claro si esto es debido a causas genéticas o a recibir una educación o influencia de una persona lejos de sus cabales. Sin embargo, puesto que no todos los hermanos gemelos de los esquizofrénicos lo acaban siendo, los genes no pueden ser la única causa de la enfermedad, aunque ejerzan un efecto importante.

Un gen de locura

Estos hechos promovieron la caza del gen o los genes responsables de una mayor susceptibilidad a esta enfermedad cerebral. La caza de un gen es una aventura llena de peligros científicos, falsas avenidas y callejones sin salida. Uno se puede perder en el laberinto del genoma con mucha facilidad. No obstante las muchas dificultades de la búsqueda de un gen de susceptibilidad a una enfermedad, tras numerosos años de esfuerzos -que incluyen el análisis genético de cientos de pacientes esquizofrénicos de varias familias en dos países diferentes, y el estudio de la herencia de caracteres genéticos o trozos de secuencia del ADN que puedan estar asociados con la enfermedad de cada individuo de dichas familias- se ha descubierto un gen en el cromosoma 6 que produce una proteína que, en principio, nada parecía tener que ver con esta locura.

A veces los caminos de la ciencia y de los investigadores se cruzan en puntos que nadie imaginó, y es lo que ha sucedido con el descubrimiento de este gen. Resulta que la proteína producida por el mismo, que se ha denominado disbindina, es una proteína que se une a la proteína distrofina del músculo. La distrofina es una proteína producida por un gen que, de ser defectuoso, causa la distrofia muscular de Duchenne, una enfermedad hereditaria que conduce a la degeneración del músculo. La distrofina desempeña una función estructural fundamental y mantiene la estructura de la célula muscular, al participar en la formación de una especie de andamio molecular necesario para mantener la integridad de la membrana celular y su unión a las proteínas externas a dicha célula.

Sin embargo, la distrofina y la disbindina también se encuentran en el cerebro y, sobre todo, en la terminación de algunos axones, es decir, en las prolongaciones de las neuronas que conducen la señal nerviosa a las células vecinas a través de las sinapsis. Así pues, parece que la disbindina, esa proteína producida por el gen del cromosoma 6 que está asociado con la esquizofrenia, desempeña un papel estructural no solo en el músculo, sino también en el adecuado mantenimiento de algunas sinapsis. Es posible que una disbindina anormal no pueda mantener la estructura de dichas sinapsis, lo que puede contribuir al anormal funcionamiento de estas, funcionamiento que debe ser adecuado para disfrutar de una mente sana y del correcto empleo del lenguaje, la lógica y los sentidos.

Este descubrimiento nos dice con firmeza que la locura es una enfermedad somática, causada por un mal funcionamiento molecular y bioquímico de las sinapsis. Esto debería ayudar a facilitar que la sociedad acabe, por fin, por aceptar a los locos como lo que son: enfermos. Por otra parte, al conocer el gen que aumenta la susceptibilidad a la esquizofrenia, se abre también la posibilidad de desarrollar nuevos fármacos que intenten paliar esta triste enfermedad que tanto daño moral y económico causa a tanta gente.

10 de febrero de 2003

Los Premios InNobel

La gravedad de los acontecimientos que suceden en el mundo por estas fechas aconseja que nos tomemos las cosas con más humor de lo habitual y que dediquemos un artículo a lo más humorístico de la ciencia. Al igual que los premios Nobel, concedidos por las academias de ciencias sueca y noruega, cada año la Universidad de Harvard concede los premios Ig-Nobel, que en español podemos traducir por InNobel, siguiendo el mismo juego de palabras que se pretende en inglés: Innobles premios. Estos premios son concedidos a trabajos reales de investigación científica que, en palabras del comité InNobel, "no podrían o no deberían ser reproducidos". No obstante, los premios se conceden con la intención de recompensar espíritus extraordinariamente imaginativos y para fomentar el interés en la actividad científica, sea esta la que sea.

La ceremonia de entrega de los premios InNobel tiene lugar en el paraninfo de la Universidad de Harvard, y los galardonados acuden a recibir su premio ante el entusiasmo de unos mil doscientos espectadores. ¿Algunos ejemplos de galardones pasados? El premio InNobel de Biología del año 1996 se otorgó a los doctores que descubrieron que la grasa para cocinar estimula el apetito de las sanguijuelas, pero que la cerveza intoxica a esas pobres criaturas y el ajo, frecuentemente, las mata. El premio InNobel de Literatura del año 1993 se otorgó a un artículo publicado por 976 autores en la prestigiosa revista médica *New England Journal of Medicine*. El mérito: ¡el artículo tiene cien veces más autores que páginas! El premio InNobel de la paz del año 1997 se otorgó a un informe sobre "el posible dolor experimentado durante la ejecución por diferentes métodos", una investigación indispensable para los verdugos.

EMPEÑARSE EN EL MAL CAMINO

No vayan a creer que recibir el premio InNobel una vez es una lección que, bien aprendida, impide volverlo a ganar en el futuro. Hay quien ha repetido premio, como el investigador francés Jacques Benveniste, quien lo ganó en 1991 y 1998 por sus trabajos sobre la capacidad del agua para recordar cosas, recuerdos que, además, pueden enviarse a través de Internet. Para aquellos que no sepan de qué va esto, hay que decir que los trabajos de Benveniste, financiados por empresas farmacéuticas que comercializan productos homeopáticos, se dirigen a demostrar la eficacia de dichos medicamentos, en los que el compuesto activo está tan diluido que encontrar una sola molécula de principio activo en la píldora que pudiera contenerla es más difícil que ganar la primitiva diez veces seguidas. Para explicar los supuestos efectos de los medicamentos homeopáticos, Benveniste se sacó del sombrero la teoría de la memoria del agua. El agua "recordaría" las estructuras químicas de los compuestos que una vez tuvo en su seno disueltos, y adquiriría una estructura química en sí misma que imitaría las estructuras de aquellos. Por qué adquiere la estructura que interesa en lugar de las millones de otras posibles de los compuestos que disolvió otras veces está sin explicar. No satisfecho con esto, Benveniste llega a defender que el agua recuerda las sustancias que una vez disolvió gracias a una señal molecular electromagnética que él puede captar, grabar en un disquete o CD y ¡enviarla por Internet a cualquier parte del mundo! Lo triste del caso es que demasiadas personas se creen estas cosas.

Los premios InNobel del año 2002 fueron anunciados hace unos días. Hay que admitir que la añada fue de calidad. Este año se ha creado una categoría nueva, que es la del premio a la suciedad del ombligo. Este premio se otorgó a Karl Kruszelnicki, de la Universidad de Sydney, quien escribió un informe sobre la suciedad del ombligo, para ser precisos. Kruszelnicki estudió muestras de suciedad extraída del ombligo de cinco mil personas, quienes se la enviaron amablemente por correo. Las conclusiones fueron que la suciedad umbilical se compone de una combinación de fibras textiles y células de la piel que son conducidas hasta el último recoveco del hueco ventral por los pelos de la barriga, de acuerdo a la hipótesis de que "todos los caminos conducen a Roma". Según dicha hipótesis, los mayores productores de suciedad umbilical son hombres de mediana edad, algo obesos y de abdomen peludo. Kruszelnicki también informó que el cambio de una lavadora de carga superior, muy común en Estados Unidos, por otra de carga frontal, como las que tenemos en España, se acompaña de una dramática reducción de la suciedad umbilical. Para explicar este curioso y limpio fenómeno, el investigador especula con la posibilidad de que las lavadoras de carga frontal sean más delicadas que las de carga superior y produzcan menos pelusilla para que camine hacia Roma.

Más InNobel

El premio InNobel de Literatura se concedió este año a Vicki Silvers y David Kreiner, de la Universidad Central de Missouri, por su descubrimiento de que los estudiantes universitarios que compraban libros usados sacaban peores notas si los libros que compraban venían erróneamente subrayados por el propietario anterior. El premio InNobel de Física se concedió a un trabajo en el que se demostraba que la universal ley de decrecimiento exponencial puede también utilizarse para calcular cuánto tiempo tarda en desaparecer la espuma de la cerveza tras verterla en una jarra. El sufrimiento de los investigadores, que tuvieron que esperar a que la espuma desapareciera sin beberse antes la cerveza, bien les hace merecedores de este premio.

El premio InNobel de Economía se concedió a los ejecutivos de Emron, WorldCom, Arthur Andersen y otras compañías de su categoría por "adaptar el concepto de número imaginario al mundo de la empresa". Finalmente, el premio InNobel de Medicina se otorgó a un trabajo ya antiguo, publicado en 1976 por la revista *Nature*, sobre la asimetría del escroto en el hombre y en la escultura antigua. El autor, Chris McManus, psicólogo de la Universidad de Londres, ganó el alto honor por su estudio de la asimetría de las gónadas masculinas en esculturas de los museos italianos. Tras revisar ciento siete esculturas, el Dr. McManus concluyó que los artistas antiguos conocían bien sus hue..., perdón, gónadas, ya que de manera correcta posicionaban el testículo derecho un poco más alto que el izquierdo. No obstante el conocimiento testicular no era aún completo, puesto que asumían incorrectamente que el testículo más bajo era más grande. "En realidad, la investigación indica que el testículo derecho del hombre es, en general, más grande", manifestó McManus. Cabe contrastar, en este caso, el conocimiento de los antiguos con el de nuestra moderna cultura para concluir que no sabemos tanto como creemos, ni siquiera cuando se trata de algo que uno toca todos los días.

17 de febrero de 2003

Marcapasos Biológicos

Ciertas personas necesitan la implantación de un marcapasos electrónico para mantener un ritmo de latidos cardiaco adecuado. El marcapasos es un pequeño aparato, plano y bastante ligero. La energía necesaria para su funcionamiento la proporciona una batería, que suele ser de litio, con una vida de hasta diez años. El marcapasos se implanta bajo la piel del pecho, insertando un electrodo en una gran vena que entra por la parte derecha del corazón. Cada impulso eléctrico pasa por ese electrodo hasta el músculo cardiaco, estimulándolo para contraerse rítmicamente.

La implantación de un marcapasos es necesaria en aquellas personas que han perdido las células estimuladoras de los latidos cardiacos. Estas células generan los impulsos eléctricos que hacen contraerse a las células musculares del corazón, llamadas miocitos, y que constituyen el 90% de las células cardiacas. El 10% restante son las mencionadas células excitadoras, que se encuentran localizadas en el denominado tejido nodal cardiaco. Este tejido es el marcapasos natural del corazón.

A todo ritmo

Cuando las células del tejido nodal están dañadas, lo que puede suceder al avanzar la edad, pueden manifestarse problemas en el control de ritmo cardiaco. Estos problemas pueden ser más o menos serios según la extensión de la lesión. El tejido nodal está compuesto por tres grupos de células: uno que genera unos 70 impulsos por minuto, otro que genera unos 50 impulsos por minuto, y un tercero que genera unos 30 impulsos por minuto. Si el primer grupo deja de funcionar, el segundo toma el relevo. Si este deja de funcionar a su vez, el centro nodal que queda no es suficiente para controlar adecuadamente el ritmo cardiaco y se hace necesaria la implantación de un marcapasos.

La implantación de estos aparatos no esta exenta de potenciales problemas. Además, se hace necesario cambiarles las pilas de vez en cuando, o reemplazarlos por modelos tecnológicamente más avanzados, más seguros y fiables, y que hoy en día incluso pueden llamar automáticamente a la ambulancia en caso de avería grave, o enviar por telefonía móvil datos sobre su funcionamiento, o el del corazón al que regulan, al servicio clínico especializado.

En todo caso, lo ideal sería desarrollar una terapia que regenerara a las células estimuladoras cardiacas. Para lograr esto, parece haber dos estrategias posibles. La primera consistiría en inyectar ese tipo de células, o células madre manipuladas de manera adecuada, para que regeneren esas células en el corazón. La segunda sería utilizar un método que convirtiera a algunas células musculares cardiacas en células estimuladoras.

Genes rítmicos

Esta segunda estrategia es la utilizada por investigadores del Instituto de Cardiología Molecular de la Universidad de John Hopkins de la ciudad Baltimore, en el estado estadounidense de Maryland. Para comprender cómo es posible convertir células musculares en células estimuladoras, diremos, en primer lugar, que los investigadores no han logrado una transformación celular, convirtiendo realmente a las células musculares en el otro tipo celular, sino que simplemente las han dotado de los mecanismos necesarios para producir los estímulos eléctricos que generan el ritmo cardiaco, sin que por ello dejen de ser células musculares cardiacas.

¿Cómo se ha logrado esta hazaña? No es difícil de comprender si nos damos cuenta de que los mecanismos necesarios para que las células funcionen de una manera determinada se encuentran codificados en los genes. En el caso de las células musculares, ha bastado la inclusión de un gen adicional en ellas para dotarles del mecanismo de la generación de la estimulación. Esto es posible porque este mecanismo depende simplemente de la generación de una diferencia de carga eléctrica entre el interior y el exterior de la célula.

Cargas eléctricas y canales celulares

Las células musculares cardiacas no poseen una diferencia de carga entre su interior y exterior, mientras que las células de los nódulos cardiacos sí la poseen. La diferencia de carga entre una parte y otra de la membrana de estas células se genera gracias a unas proteínas que dejan pasar o no, de lado a lado de la membrana, iones de sodio o de potasio, que poseen una carga positiva. Los iones cargados no pueden atravesar libremente la membrana celular, precisamente porque la carga eléctrica que poseen impide que crucen la capa aceitosa que esta supone. Por esa razón, los iones deben atravesar la membrana a través de las proteínas mencionadas arriba, y que se denominan canales de potasio o de sodio, porque actúan como si fueran, precisamente, canales de paso de dichos átomos positivos a través de la membrana. Para generar la diferencia de carga, la célula estimuladora utiliza energía para expulsar a los iones sodio de su interior, mientras que retiene a moléculas negativas y deja pasar libremente por los canales a los átomos de potasio. Se genera así un exceso de carga negativa en el interior de la célula. Al recibir la célula un impulso eléctrico o una señal molecular en algún punto de la membrana, los canales de sodio se abren y dejan que muchos de estos átomos entren ahora en su interior, gracias a la diferencia de concentración existente, neutralizando así la diferencia de carga. Esta neutralización temporal de la diferencia eléctrica se propaga muy rápidamente a lo largo de la célula y a las células vecinas, haciendo que las células musculares se contraigan.

Los miocitos no poseen esa diferencia de carga entre el interior y el exterior de la membrana porque los átomos de sodio que salen de la célula son equilibrados siempre por los átomos de potasio que entran. Si se rompiera ese desequilibrio, se podría generar esa diferencia de carga. Y dicho equilibrio se podría romper modificando las proteínas canales de sodio o de potasio, es decir, modificando los genes que las producen. Esto es lo que los Investigadores han logrado, mediante la inyección, en determinados puntos del corazón de un cobaya, de un virus inofensivo modificado genéticamente. El virus contiene un gen que produce una proteína canal, la cual modifica el flujo de iones potasio y genera así una diferencia de carga en las células infectadas por ese virus. Los corazones de los animales enfermos tratados de esta manera han recobrado sus latidos normales.

Queda un largo camino, lleno de sobresaltos del corazón, hasta que estas estrategias terapéuticas puedan usarse en el ser humano, pero no cabe duda de que con tesón, imaginación e inteligencia, el progreso en este campo de la investigación se hará realidad en la clínica y puede que hasta veamos la utilización de un método similar en el hospital de Albacete, magistralmente aplicado por alguno de los brillantes médicos que ahora se están gestando en la Facultad de Medicina y el propio Hospital Universitario Albaceteños.

24 de febrero de 2003

Cicatrización Biotecnológica

Es posible que piense que la biotecnología se ocupa de producir plantas resistentes a las plagas o a los herbicidas, o de generar animales modificados genéticamente para que produzcan más leche, o más carne. Sin embargo, la biotecnología se ocupa también de mejorar la Medicina, tanto desde el punto de vista de encontrar nuevos tratamientos como de las técnicas terapéuticas.

La biotecnología médica utiliza para su desarrollo a distintas ciencias y tecnologías. Una es la Biología, en particular la Biología Molecular y Celular, pero también puede beneficiarse de avances en Química, Física o en Ciencia de los Materiales, por mencionar solo unas pocas disciplinas. Veamos algunos ejemplos de los avances que la biotecnología médica está produciendo.

Todos nos hemos cortado en un dedo alguna vez. Si somos civilizados, solemos chuparnos la herida. Si nuestra educación es exquisita, podemos incluso desinfectar la herida con alcohol o agua oxigenada. Si nuestro conocimiento y buen juicio exceden ya los límites de lo tolerable, podemos incluso ponernos una cura, en forma de un apósito adhesivo. Este apósito cumple la función de proteger la herida de las agresiones externas, como si de una piel de alquiler se tratara.

Sería fabuloso que pudiéramos disponer de un apósito que no solo protegiera, sino que ayudara a cerrar la herida y acelerara su curación; quizá así lo utilizara todo el mundo. Para ello, podríamos, por ejemplo, crear un apósito que suministrara a la herida la proteína que forma el coágulo de sangre. Esta proteína, denominada fibrina, forma una red intrincada de fibras que detienen la hemorragia y protegen a la herida de la infección.

Producir de manera artificial una red de fibrina que imite a la red natural que forma esta proteína no es cosa fácil, pero es lo que han logrado unos investigadores de la Universidad de Richmond, en los Estados Unidos. Estos investigadores extraen la fibrina a partir de sangre humana o de vaca y la disuelven en un disolvente no acuoso, uno de la familia de la acetona o el aguarrás, que estamos acostumbrados a usar de vez en cuando en casa. Esta disolución de fibrina se hace pasar por una aguja de jeringa muy fina cargada eléctricamente, lo que consigue que el chorrito, al salir de la aguja, no se rompa en gotas individuales. El disolvente del chorrito, en contacto con el aire, se evapora rápidamente, produciendo así una fibra de fibrina (una fibrina de fibra también) miles de veces más fina que un cabello humano, lo que es igual a la finura de las fibras de fibrina de los coágulos sanguíneos.

Para tejer las fibras y producir una especie de alfombrilla de fibrina, se hace que las fibras producidas al salir de la jeringa se depositen sobre un pequeño disco en rotación. Se forma así sobre la superficie del disco una red de fibrina que se retira cuando tiene el espesor de una décima de milímetro y puede ser utilizada como apósito. Esta red de fibrina ayuda a detener la hemorragia y a que el tejido dañado se recupere. Los investigadores no quieren limitarse a la fibrina, sino que en el futuro pretenden incorporar al apósito otras proteínas tisulares que ayuden a curar las heridas sobre una base biodegradable. Si lo consiguen, podremos ponernos una cura en el dedo herido, la cual irá poco a poco desapareciendo a medida que la herida sane.

No acaban aquí las promesas para una mejor y más rápida curación de las heridas. Quizá haya visto una de esas series o películas de ciencia-ficción donde los heridos son sanados casi instantáneamente pasándoles pocos centímetros sobre la herida un aparato que emite un extraño bip. Pues algo similar está siendo desarrollado en el Instituto Naval de Investigación, localizado muy cerca de los Institutos Nacionales de la Salud estadounidenses, en las proximidades de Washington DC. Se trata de un cañón de células impulsadas por láser que consigue introducirlas en el órgano o tejido dañado, lo cual puede ser fundamental para cicatrizar heridas tras una intervención quirúrgica, por ejemplo. Veamos cómo funciona.

El primer requisito para el funcionamiento de este cañón celular es conseguir que las células de los tejidos que queremos sanar, sean estas de piel, de hígado o de hueso, crezcan formando capas sobre una sustancia gelatinosa que puede estirarse en forma de cinta. Sobre esta sustancia pueden crecerse distintos tipos celulares, solos o en combinación. Así, por ejemplo, se pueden formar varias capas de células epiteliales, musculares y nerviosas. Igualmente, pueden crecerse sobre ese polímero células madre, que podrían regenerar prácticamente cualquier tejido u órgano dañado u operado.

Para depositar las células, los investigadores modificaron una técnica utilizada normalmente en la fabricación de microcircuitos electrónicos, un ejemplo más de la intercomunicación entre distintas áreas de la tecnología. El fundamento de esta técnica es una impresión por láser. En esta impresión, la cinta que contiene las células, como si fuera la cinta de una antigua máquina de escribir, es golpeada por un fino pulso de luz de láser de una longitud de onda que no daña a las células. El pulso de luz provoca que las células salgan disparadas de la superficie de la cinta y puedan así depositarse sobre los tejidos.

No vayamos a creer que esta tecnología estará disponible para cuando nos toque la próxima operación quirúrgica. De momento, lo único que se ha demostrado es que las células sobreviven al impulso láser y continúan creciendo y reproduciéndose sobre donde se han depositado, que no es sino un frasco que contiene nutrientes adecuados. Sin embargo, técnicas en desarrollo, como estas, y otras de las que no puedo hablar hoy aquí por falta de espacio, proporcionan un buen fundamento a la esperanza de que el mundo será mejor en el futuro. Será mejor quizá solo en algunos aspectos y quizá solo para nuestros hijos o nietos, pero será mejor, una vez más, gracias a los esfuerzos de la ciencia y de la tecnología.

3 de marzo de 2003

Células Madre Inesperadas

La Cámara Baja del país más alto, y más guerrero, aprobó un proyecto de ley, hace unos días, en el que se prohibía la clonación humana con cualquier fin, fuera este reproductivo o terapéutico. El Senado del mismo país tiene ahora la última palabra, que no creo que sea otra que la de refrendar lo que la Cámara Baja ha determinado. La prohibición de la clonación con fines terapéuticos es el aspecto más preocupante de esta ley, ya que impide la investigación sobre la obtención y manipulación de células madre derivadas de la clonación que podrían ser utilizadas para regenerar tejidos enfermos y curar enfermedades serias, y hoy por hoy incurables, sin los problemas propios del rechazo a los trasplantes.

En España, se debate estos días si dejar utilizar o no embriones congelados, sobrantes de los procesos de fecundación *in vitro*, para obtener a partir de ellos células madre. En este caso, puesto que no se derivan de un embrión clónico del propio individuo, las células madre no serían genéticamente idénticas a las del paciente que necesitara recibirlas, y podrían surgir problemas de rechazo más o menos graves.

Mientras se prohíbe la generación de células madre embrionarias clónicas por un lado –que de ninguna manera provendrían de un embrión humano normal, como Dios manda, resultante de la unión de un óvulo y un espermatozoide, sino de la manipulación de una célula adulta– y se debate, por otro lado, si es ético o no utilizar células embrionarias que de todas formas van a destruirse, la investigación avanza. La investigación médica, cuya finalidad última no es sino la de mejorar la vida de los seres humanos, se cuela, gracias quizá al mismo Dios que se invoca para prohibir estas investigaciones, por donde le deja el integrismo ético-religioso, capaz de creer justificables semejantes prohibiciones que impiden o, cuando menos, retrasan la curación de seres humanos indiscutibles, diferentes, sin duda, de un grupo de células sin sistema nervioso, sin sentimientos y sin consciencia.

Ante las dificultades encontradas para investigar con células madre embrionarias humanas, los científicos y médicos han volcado su atención a las células madre adultas, existentes en diversos tejidos del organismo, o a las células madre presentes en la sangre de cordón umbilical de los recién nacidos. Estas células han demostrado una capacidad limitada para convertirse en células de diversos tejidos, que es lo que se pretende conseguir de manera controlada para poder regenerar tejidos u órganos dañados, como un corazón infartado, o un cerebro de un paciente de Parkinson.

Enfermedad y suerte

Sin embargo, como decía antes, la suerte o la providencia, según se prefiera, ha venido a echar una mano a los investigadores. A veces los mejores descubrimientos se hacen al irse del laboratorio a casa, y es lo que ha sucedido con un grupo de investigadores del Laboratorio Nacional de Argonne, en Illinois, Estados Unidos.

Estos investigadores no estaban estudiando las células madre, sino unas células inmunes presentes en la sangre, denominadas monocitos. Los monocitos son células implicadas en la defensa del organismo frente a infecciones y bajo la acción de ciertas hormonas u otras sustancias se transforman en macrófagos, que son células que fagocitan, es decir, que se comen a los invasores microbianos y producen señales que activan a otras células del sistema inmunitario y las preparan para la defensa.

Los investigadores se encontraban creciendo estas células en frascos para sus investigaciones. Afortunadamente para nosotros, quien las estaba cuidando se puso enfermo y no pudo atenderlas correctamente por unos días. Puesto que se trataba de un grupo muy pequeño de científicos, nadie pudo hacerse cargo de las células, y estas se quedaron sin nutrientes adecuados por un tiempo.

Sorpresa celular

Normalmente, tras recuperarse de su enfermedad y volver al laboratorio, la mayoría de los investigadores hubieran sacado los frascos de células de la incubadora y los hubiera desechado sin ni siquiera mirarlos. No obstante, hay quien se encariña con las células que crece, lo sé bien, y no quiere deshacerse de ellas sin despedirse. En este caso, despedirse significa darles el adiós bajo el microscopio, para comprobar que, en efecto, nada puede hacerse por sus vidas.

Cuando el investigador, ya recuperado de su enfermedad, echó un vistazo al microscopio a esos monocitos, comprobó con sorpresa que algunas células habían dejado de ser lo que eran. Seguían vivas, eso sí, pero ya no eran monocitos, sino otro tipo de células. Por su aspecto parecían células más primitivas, más indiferenciadas, que dicen los biólogos, es decir, más próximas a las células madre.

Para comprobar si estas células eran en efecto células primitivas, capaces de convertirse en diversos tipos de células de tejidos, los investigadores las trataron con diversas sustancias de las que ya se conocía que su acción era capaz de convertir, es decir, diferenciar, a las células madre en otros tipos celulares. De esta manera, estos investigadores consiguieron transformar a estas células en células nerviosas, de hígado, de los vasos sanguíneos y linfocitos T, células inmunes no relacionadas con los monocitos. Ni que decir tiene que estos resultados son muy prometedores y ayudan a que la investigación con células madre avance, a pesar de las dificultades a las que me refería más arriba.

Estos resultados tienen también una particular importancia para mí y mi grupo de investigación. Nos encontramos, ya en el nuevo edificio de la Facultad de Medicina, investigando una molécula que participa en múltiples procesos biológicos de diferenciación celular, en particular en la diferenciación de los monocitos. Los resultados de estas investigaciones indican que podría ser que, dada la naturaleza de esta interesante molécula, participara en la transformación de los monocitos en células madre. Esperamos que en el futuro, en colaboración con otros investigadores en Albacete y en los Estados Unidos, podamos estudiar esta posibilidad en nuestro laboratorio.

10 de marzo de 2003

Nutrición y Autodestrucción

Sigue existiendo una controversia, a mi entender fútil, entre qué es lo más importante, los genes o el entorno. Sin entrar en cuestiones filosóficas, que son aun más polémicas, investigaciones recientes han demostrado, por ejemplo, que los genes tienen mucho que decir sobre nuestra longevidad, pero también es claro que el entorno en el que vivimos es fundamental. Consultemos, si no, los datos de esperanza de vida en diversos países y nos daremos cuenta de que tamañas diferencias no pueden ser explicadas por los genes de las poblaciones, que son muy similares, sino por la calidad de vida de los habitantes de esos países.

Uno de los factores más importantes en los que el entorno vital nos influye para bien o para mal es la nutrición. En animales de laboratorio, se ha demostrado que la dieta puede afectar de manera muy importante tanto a la longevidad como al desarrollo de determinadas enfermedades. Así, se sabe que limitar la cantidad de calorías en la dieta de esos animales suele alargarles la vida. Por otra parte, ciertos nutrientes son mejores que otros para conseguir ese fin.

La cantidad y composición de la dieta puede ejercer influencia sobre el desarrollo de enfermedades de la gravedad del cáncer. Aunque esta es una enfermedad de origen genético y celular, la dieta influye en su desarrollo de una manera global, afectando tanto la manera en la que el organismo puede luchar contra la enfermedad como el desarrollo intrínseco del tumor.

Se sospechaba que la dieta podía ejercer un efecto considerable en otro grupo de enfermedades importantes: las enfermedades autoinmunes. En estas enfermedades, nuestro sistema inmunitario, normalmente encargado de la defensa contra organismos extraños al nuestro, se equivoca y considera como extraño lo que es propio. Las células inmunitarias comienzan así a destruir las células o estructuras de nuestro propio cuerpo. Esto origina diversas enfermedades, según sea su blanco de acción, entre las que se encuentran algunas serias, como la diabetes dependiente de insulina, la artritis reumatoide o la esclerosis múltiple.

Algunos pacientes de estas enfermedades se habían dado cuenta de que el ayuno o una modificación de la dieta podía afectar para bien el desarrollo de su enfermedad. Ante esta situación, los científicos se pusieron manos a la obra para estudiar cuáles podían ser las moléculas por las cuales la dieta podía afectar a la función de las células inmunitarias que atacaban a su propio dueño. Esto era importante, porque se sabe que las células autoinmunes no funcionan de manera diferente a las demás. La única diferencia es que en su ataque se equivocan de enemigo, pero disparan y usan las mismas armas que utilizan contra los microorganismos patógenos. Por tanto, descubrir en qué se basaba el efecto de la dieta sobre las enfermedades autoinmunes tenía una aplicación más amplia, ya que permitiría también comprender mejor el efecto de la dieta sobre el funcionamiento inmunitario en su globalidad y en condiciones normales.

Para sus estudios, los científicos se apoyaron, una vez más, en nuestro hermano el ratón. Este simpático animalillo, el mejor amigo del investigador biomédico y, por ende, del paciente, ha sido estudiado y manipulado de muchas maneras, una de las más importantes de las cuales ha sido utilizarlo para reproducir en él enfermedades humanas. Así, se puede inducir en ratones la aparición de una enfermedad similar a la esclerosis múltiple. Esta enfermedad autoinmune se caracteriza por la destrucción por las células del sistema inmune de la vaina de mielina que protege a los axones nerviosos. La deterioración de esta capa protectora afecta a la transmisión nerviosa y a las neuronas, que van muriendo poco a poco.

Utilizando estos ratones, los investigadores comprobaron que, en efecto, un ayuno forzoso mejoraba la enfermedad, que no progresaba tan rápidamente. Los pacientes que ayunaban parecían tener razón. ¿A qué se debía este efecto de una dieta baja en calorías?

Los investigadores sabían que existe una sustancia muy importante que controla el apetito: la leptina. Esta sustancia es producida por ciertas células y segregada a la sangre precisamente cuando se hace necesario dejar de comer, es decir, la leptina es una sustancia que le indica al cuerpo que ya está saciado y no debe seguir comiendo. Esto indica que si controlamos la cantidad de alimento que ingerimos de manera que no llegue a saciarnos, no produciremos tanta cantidad de leptina, ya que no habremos llegado al punto en que se haga necesario que el cuerpo nos indique que es mejor que dejemos de comer.

Los científicos también habían descubierto que los efectos de la leptina no se limitaban al control del apetito. Esta sustancia ejercía también un efecto sobre las células del sistema inmune más importantes para que este funcione correctamente, que no son otras que los linfocitos T.

Son estos linfocitos T los que pueden equivocarse y reconocer como extrañas algunas moléculas de nuestro cuerpo, lo que genera enfermedades autoinmunes, cuyos síntomas clínicos dependen de lo que estas células ataquen. Los investigadores estudiaron si los efectos de la leptina sobre los linfocitos T podrían afectar al desarrollo de la esclerosis múltiple. Para ello, nada mejor que utilizar ratones con el gen de la leptina inutilizado. Estos ratones no producían leptina y si su acción era necesaria para la enfermedad autoinmune esta no se produciría tampoco en ellos. Los resultados no dejaron lugar a dudas: los ratones sin leptina no desarrollaban la esclerosis múltiple, al contrario que los ratones normales. La leptina era necesaria para el desarrollo de la enfermedad.

Estos datos indican que la dieta controla la presencia en la sangre de sustancias que afectan al adecuado funcionamiento de nuestro sistema inmunitario. Dada la importancia que este sistema tiene para nuestra salud, es fundamental, ahora ya más que nunca, una alimentación adecuada y equilibrada. Así que piénselo dos veces antes de comerse ese dulce o ese embutido ibérico que realmente no le pide el cuerpo, aunque le entre por los ojos y, luego de pensarlo, no se lo coma.

17 de marzo de 2003

La Lengua Chasquear

EN UN TIEMPO nunca demasiado lejano, el mundo estuvo dividido en ciencias y letras. Las ciencias eran esas disciplinas duras que intentaban comprender y manipular el universo. Las letras, en cambio, eran las disciplinas que acaparaban la sensibilidad; se encargaban del arte, de la literatura, del cine, del lenguaje, de lo humano, en suma.

Hoy, las cosas comienzan a cambiar, y las ciencias y las letras se dan cada vez menos la espalda. En nada se ve mejor este aspecto que en las contribuciones que la ciencia está haciendo a la comprensión del nacimiento y la evolución de lo que hace a las letras posible: el lenguaje.

Hace pocos meses, hablaba en esta página de la identificación de un gen que parecía ser uno de los responsables de que los seres humanos poseyéramos la capacidad de un lenguaje articulado y complejo, a diferencia de los chimpancés y otros simios superiores. Aparentemente, una mutación en ese gen le proporcionó propiedades diferentes que capacitaron a nuestros ancestros para articular los músculos de la boca y cuerdas vocales de una manera muy superior a la que antes poseían, lo que amplificó de esta manera la panoplia de sonidos que eran capaces de emitir, e hizo posible el nacimiento de la primera lengua, la madre de todos los idiomas, la lengua que se hablaba mucho antes de la época en la que surgió el mito de la torre de Babel.

Los lingüistas (esa gente que habla de letras con los de ciencias, de ciencias con los de letras y de mujeres, u hombres, entre sí), descubrieron a finales del siglo XIX y principios del XX que todos los lenguajes de Europa y parte de Asia pertenecían a la misma familia y derivaban de una lengua común. Es la familia de lenguajes indoeuropeos, grupo al que pertenece el Español, hablados hoy por más de mil quinientos millones de personas. Las investigaciones de los lingüistas han revelado también ciertas reglas de evolución del lenguaje, y con ellas han podido acercarse al lenguaje primigenio de todas las lenguas indoeuropeas.

Harina de otro costal es averiguar cómo podría haber sido la lengua materna de todas las lenguas o, al menos, tener una idea de cómo podría sonar dicha lengua. Para poder investigar esto, se hace necesario que alguno de los lenguajes que aún se hablan en la actualidad –antes de que el inglés americano acabe con todos– esté relacionado con el lenguaje primigenio. Muchos lingüistas piensan que eso no puede suceder, que el lenguaje evoluciona de manera demasiado rápida y que los lenguajes actuales han divergido tanto del lenguaje original que nada puede ya hacerse para averiguar cómo podría ser este.

Es en este punto donde las ciencias duras, en particular la genética, aparece para generar evidencia que sugiere que una serie de lenguajes hablados por pueblos genéticamente cercanos a los primeros humanos poseen elementos que eran propios de la lengua original. Se trata de lenguajes basados en chasquidos de la lengua, chasquidos que aún producimos algunas veces como respuesta al fastidio o a la molestia. Sobreviven unos treinta lenguajes de este tipo, hablados por pueblos primitivos del sur de África, como los San y los Khwe, cuya economía sigue aún basada en la caza y la recolección, y por los antiguos aborígenes de Australia.

Existen varias razones que indican que estos lenguajes a base de chasquidos son muy antiguos, una de las cuales es que los resultados de los estudios genéticos de los pueblos que aún los hablan indican que pertenecen a un linaje extremadamente primitivo. Estudios genéticos realizados con diversas poblaciones del planeta han situado a cada una de ellas como si fueran ramas de un árbol familiar, más o menos próximas unas de otras. Estos estudios demuestran que dos de los pueblos que hablan lenguajes basados en chasquidos, los Hadzabe y los Juhoansi, se sitúan muy cerca del tronco de este árbol, del que derivamos todos, y demuestran también que se conformaron en ramas independientes de ese tronco, es decir, se conformaron como pueblos y culturas independientes, muy pronto tras el amanecer del *Homo sapiens*.

Esto quiere decir que a menos que uno de los dos pueblos reinventara el lenguaje basado en chasquidos, antes de separarse del tronco del árbol familiar, ambos hablaban un lenguaje común primigenio que debería también estar basado en la generación de chasquidos. Este idioma sería hablado por los humanos que abandonaron África hace unos cuarenta mil años. Curiosamente, se sabe que Australia, donde también se hablaba un lenguaje de chasquidos, como he mencionado arriba, fue uno de los lugares al que llegaron los primeros emigrantes africanos.

Sin embargo, si esto es correcto, surge un problema que se hace necesario explicar. El problema viene dado por el hecho de que los lenguajes de los Hadzabe y los Juhoansi, aunque ambos están basados en chasquidos, son muy diferentes, como correspondería a los lenguajes hablados por dos culturas separadas hace mucho tiempo. Entonces ¿por qué guardan los dos lenguajes estos chasquidos cuando la evolución de las lenguas tiende a que se pierdan en beneficio de sonidos más fáciles de articular?

La respuesta tal vez resida en que los chasquidos pueden conferir un beneficio importante para la comunicación, dado el modo de vida de estos pueblos. Los chasquidos son sonidos cortos que, emitidos con suavidad, imitan a otros sonidos de la Naturaleza. Esto puede ser un beneficio importante a la hora de coordinar actividades como la caza, la cual necesita no de elaborados discursos sino más bien de sonidos breves que, no obstante, sean capaces de transmitir significados. Este beneficio podría explicar por qué estos lenguajes han mantenido sus características primigenias, que otros lenguajes han ido perdiendo en entornos donde la caza se ha convertido en una actividad menos importante, al ser reemplazada por la ganadería.

Sea como fuere que los lenguajes basados en chasquidos se han conservado hasta nuestros días, podemos suponer ahora con cierta, aunque no completa, seguridad y mucha ironía, que el lenguaje comenzó cuando

Adán y Eva, expulsados del Paraíso, chasquearon la lengua en señal de fastidio.

24 de marzo de 2003

ALGO DE HISTORIA DEL ADN

ESTA SEMANA, SE celebra el quincuagésimo aniversario del descubrimiento de la estructura molecular del ADN. Por ello, es conveniente recordar la historia de este descubrimiento capital de la Humanidad.

Hay que tener siempre en cuenta que todo descubrimiento se apoya en otros anteriores. Sin embargo, como tenemos que empezar la historia en alguna parte, comencémosla con el descubrimiento del propio ADN, realizado en 1869 por el científico Suizo Friedrich Miescher. Era una época en la que se empezaba a estudiar desde el punto de vista químico los componentes de los seres vivos, y el ADN se descubrió como un componente universal en todos ellos.

Por la misma época, el monje austriaco Gregorio Mendel descubría las leyes de la herencia. A partir de aquí, creció el interés por conocer la naturaleza material de los factores genéticos que se transmitían de padres a hijos. Al principio del siglo pasado, el americano Tomas Hunt Morgan se propuso averiguarlo. Para ello, eligió un modelo animal que se ha convertido en herramienta indispensable de la genética: la mosca del vinagre, *Drosophila melanogaster*. Estudiando el efecto de mutaciones hereditarias en esta mosca, Morgan descubrió que eran los cromosomas los que, de alguna manera, transportaban las características que se heredan de padres a hijos, es decir, los cromosomas contenían la información genética.

Ya se sabía por aquel entonces que los cromosomas están compuestos por proteínas y ADN. Esto quería decir que o las proteínas o el ADN eran los portadores de la información genética. Dada la muy superior complejidad de las proteínas, los científicos supusieron que eran estas las portadoras de dicha información. Sin embargo, en ciencia y en la vida, las hipótesis es necesario probarlas. Desgraciadamente, la mosca *Drosophila* no constituía un sistema adecuado para estudiar cuál de los dos componentes era el material hereditario. No se podía utilizar a esta mosca para suministrarle de alguna manera las proteínas o el ADN cromosómicos y ver cuál de los dos podría afectar las características que se heredaban de generación en generación.

Era imprescindible encontrar otro sistema biológico de transmisión de características hereditarias más fácil de manipular. Esto se consiguió estudiando las bacterias patógenas. En 1928, el científico Fred Griffith estudiaba la manera en que la bacteria de la neumonía causaba esta enfermedad en ratones de laboratorio. Griffith encontró que existían dos tipos de estas bacterias: las malas (M) y las buenas (B). Las malas, si eran inyectadas, causaban la enfermedad, pero las buenas no lo hacían. Griffith hizo varios experimentos para intentar averiguar por qué unas causaban la enfermedad y otras no la causaban, y en uno de ellos mezcló bacterias M muertas con bacterias B vivas. Sorprendentemente, encontró que los ratones se ponían enfermos.

Los dos tipos de bacterias eran también muy diferentes en su forma. Las B eran pequeñitas y las M, grandes. Si se estudiaban las bacterias extraídas de los ratones enfermos que habían sido inyectados con la mezcla de bacterias B vivas y M muertas, resultaba que estas eran de la forma M, es decir, los animales estaban infectados con bacterias M vivas ¡aun cuando nunca se les habían inyectado! Esto significaba una de dos posibilidades: las bacterias M habían resucitado o las bacterias B se habían transformado en M. Se eligió esta posibilidad como la más razonable, lo que no siempre ha sido así en el caso de algunos seres humanos muy conocidos.

Una de las preguntas que surgió de este experimento fue si esta transformación sucedía solo en los ratones, o podía suceder también en otra situación. Como los dos tipos de bacterias eran muy diferentes y podrían crecerse en el laboratorio, se preparó una "sopa" de los componentes de las bacterias M que se echó a un frasco de cultivo de bacterias B. En este caso, las bacterias B también se transformaron en M.

Estos experimentos indicaban, pues, que algo que se encontraba en las bacterias M muertas era capaz de transformar a las bacterias B en M. Además, el cambio era permanente y heredable. Es decir, la descendencia de esas bacterias era también del tipo M. Y no solo eso, sino que si ahora a bacterias transformadas en M a partir de las B se las mataba por calor y se las mezclaba de nuevo con bacterias B, eran capaces de seguir transformando a las células B en M. Así pues, disponíamos ahora de un sistema sencillo donde estudiar qué componentes de la bacteria eran los responsables de causar esta transformación.

Fue aquí cuando el equipo dirigido por Ostwald Avery, con Colin McLeod, y Maclyn McCarthy se propuso averiguar la naturaleza de la sustancia transformante. Para conseguirlo, hicieron una "sopa" de bacterias M muertas por calor y separaron los componentes de esta sopa por métodos químicos. Cada fracción separada fue añadida a bacterias B y se analizó si la fracción era o no transformante. De este modo, y para sorpresa general, concluyeron que la sustancia transformante era el ácido desoxirribonucleico, ADN. Estos resultados fueron publicados en 1944 y recibidos con escepticismo por parte de la comunidad científica, que estaba convencida de que el principio transformante, es decir, el principio portador de la información genética, no podía ser otra cosa que una proteína. Hubo que esperar hasta 1952 para que otros investigadores proporcionaran evidencia suficiente que, por fin, calló la boca al más escéptico.

Quienes creyeron en los resultados de Avery se esforzaron en estudiar cuál podía ser la estructura del ADN antes de disponer de evidencia adicional, que de todas formas no hacía falta. La importancia de averiguar la estructura de esta molécula radicaba en que conociéndola quizá se pudiera explicar cómo funcionaba y cómo era posible que se replicara y que almacenara información.

Entre los que creyeron en los resultados de Avery se encontraron Watson y Crick, quienes en 1953, descubrieron la estructura en doble hélice del ADN. Esto lo consiguieron interpretando datos cristalográficos de difracción de rayos X, (que es como sacarles fotos a las moléculas con rayos X y luego interpretar la imagen) y construyendo modelos moleculares para ver si las cosas podían realmente ser como los datos parecían indicar.

La estructura de esta molécula, que no voy a repetir aquí porque la pueden encontrar en numerosas otras fuentes de información, desveló el misterio de cómo podría transmitirse la información genética de padres a hijos. También desveló cómo debía ser el mecanismo de replicación de la misma. Este descubrimiento inició una nueva era en la Historia: se había demostrado que la molécula que hace posible la existencia de la Humanidad hace también posible que la Humanidad la conozca, que ella misma se conozca. Se había cerrado así un círculo fundamental, cuyas implicaciones aún no están plenamente exploradas y mucho menos asumidas.

31 de marzo de 2003

El Experimento De Hershey y Chase

PUESTO QUE EL quincuagésimo aniversario del descubrimiento de la estructura del ADN, que se celebra este mes, es algo que merece la pena ser tratado con el esmero que se merece, quiero continuar aquí con la historia que rodeó y condujo a ese descubrimiento.

La semana pasada, hablaba de cómo se había llegado a descubrir, por parte del equipo dirigido por el investigador Ostwald Avery, que el ADN, y no las proteínas, era el material genético, el depositario de la información que se transmite de generación en generación. Por aquella época, sin embargo, no fueron muchos los que se convencieron de los resultados de Avery. La idea predominante entonces era que el ADN era una molécula demasiado simple para almacenar información. Debían ser las proteínas, más complejas, las merecedoras de semejante honor. Estos científicos escépticos –adjetivo nunca peyorativo para un científico– explicaban los resultados de Avery diciendo que sus extractos de ADN no eran suficientemente puros. Los extractos debían estar contaminados con pequeñas cantidades de proteínas que, por pequeñas que fueran, explicaban los resultados que Avery encontraba.

Aunque los resultados de Avery estaban basados en experimentos controlados y muy bien diseñados, la posibilidad apuntada por esos incrédulos científicos no dejaba de ser cierta. Eran, pues, necesarios nuevos experimentos para convencer a los más escépticos o, al contrario, para refutar la, aún por aquellos años, hipótesis de que el ADN era el material genético. El experimento que acabó por convencer a todo el mundo de que el ADN era el depositario de la información genética lo realizaron en 1952 los investigadores estadounidenses Alfred Hershey y Martha Chase.

COMEDORES DE BACTERIAS

Estos investigadores se apoyaron en los resultados de los estudios del investigador Roger Herriot sobre un virus que infectaba a las bacterias. Este tipo de virus se denomina bacteriófago (literalmente, comedor de bacterias) y se reproduce, como todos los virus, infectando a la célula, en este caso a la célula bacteriana, y utilizando toda su maquinaria vital para producir nuevas partículas víricas. Los nuevos virus se generan y se ensamblan en el interior de la bacteria y, una vez producidos, la bacteria muere, rompiéndose, y liberando así los virus al exterior. Los estudios Herriot, realizados por microscopía electrónica, indicaban que para infectar a la bacteria, la partícula de virus se unía a su pared externa, pero no penetraba en su interior. A pesar de esto, el virus se reproducía dentro de la bacteria, por lo que algún principio o factor activo debía ser el que penetrara en la bacteria y se encargara de dirigir la fabricación de nuevos virus. Este factor debía pues contener la información genética, puesto que los nuevos virus fabricados no eran sino otra nueva generación.

El estudio molecular de los bacteriófagos reveló que estaban compuestos exclusivamente de ADN y de proteína. Era por consiguiente un microorganismo ideal para estudiar cuál de los dos componentes penetraba en la bacteria. El problema era: ¿cómo averiguar la naturaleza de este factor si tal vez solo una molécula del mismo penetraba dentro de la bacteria? Había que utilizar técnicas muy sensibles de detección molecular para poder distinguir las moléculas del virus de las de la sopa de moléculas que constituye el interior de la bacteria.

Afortunadamente, no era solo la biología la que avanzaba una barbaridad por aquellos años. La física había hecho progresos muy importantes, tanto científicos como tecnológicos. Uno de los más notables fue el descubrimiento de la radiactividad artificial, es decir, la capacidad de crear en aceleradores de partículas elementos radiactivos que no existían en la Naturaleza. Entre los muchos elementos radiactivos que se podían crear por aquellos tiempos, dos eran de particular importancia para los biólogos: el fósforo y el azufre. Esto es así porque las proteínas contienen azufre, pero no fósforo, y los ácidos nucleicos contienen fósforo, pero no azufre.

VIRUS RADIACTIVOS

Puesto que la radiactividad puede ser fácilmente detectada, incluso lo era ya en aquellos años, y permite la detección de pequeñísimas cantidades, Hershey y Chase pensaron que, si eran capaces de producir virus radiactivos, podrían detectar así la naturaleza del factor que penetraba en la bacteria. Como se trataba de descubrir si era una proteína o un ácido nucleico, Hershey y Chase se dieron cuenta de que si producían virus en un medio que contuviera azufre radiactivo, serían sus proteínas las que se habrían convertido en radiactivas, mientras que si producían virus en un medio con fósforo radiactivo, el radiactivo sería su ADN.

Hershey y Chase hicieron exactamente eso. Añadieron azufre radiactivo a una suspensión de bacterias y fósforo radiactivo a otra. Estas suspensiones bacterianas fueron infectadas con el bacteriófago, lo que produjo grandes cantidades de virus radiactivos, bien con azufre o bien con fósforo, incorporados a sus proteínas o a su ADN. Ahora, solo había que dejar que esos virus infectaran a nuevas bacterias para comprobar qué penetraba a su interior y qué se quedaba fuera. Para ello, tras dejar que el virus se uniera a la bacteria, se sometía a la suspensión bacteriana a una fuerte agitación, lo que lograba que las partículas del virus, ya desprovistas del factor que se había introducido dentro de la bacteria, volvieran a separarse de la superficie de estas. Así, podía detectarse qué tipo de radiactividad habría penetrado dentro la bacteria.

Los resultados de este experimento no dejaron ya lugar para la duda. Cuando dejaban que el virus que contenía azufre radiactivo infectara a las bacterias, Hershey y Chase detectaban que la radiactividad se quedaba en el exterior. La bacteria no era radiactiva. Sin embargo, cuando infectaban las bacterias con virus que contenían fósforo radiactivo, la radiactividad pasaba al interior de las mismas. Por si fuera poco, si se dejaba que el virus se reprodujera en el interior de estas bacterias, se producían virus radiactivos que eran, a su vez, capaces de infectar a otras bacterias.

Así pues, el factor del bacteriófago que pasaba al interior de la bacteria era su ácido nucleico, él único capaz de contener fósforo. La proteína, con su azufre radiactivo, se quedaba fuera y no era en absoluto necesaria para la reproducción del virus. Era la prueba irrefutable de que el ADN era el portador de la información genética, información que de alguna forma maravillosa se manifestaba en el interior de la bacteria para dirigir la producción de nuevos virus.

Al año siguiente de este experimento, Watson y Crick publicaron su famoso artículo en la revista *Nature* donde describían la estructura en doble hélice de la molécula de ADN. Este descubrimiento, junto con otros, ha permitido que hoy sepamos mucho más de lo que sucede en el interior de esa bacteria infectada por el virus. Claro que eso es otra historia.

7 de abril de 2003

Paleontología Molecular

La semana pasada tratamos de la existencia de un gen que nos hablaba de nuestro pasado como caníbales. Nos atrevemos a decir que el análisis de la presencia de ese gen en la especie humana permite realizar lo que se puede llamar arqueología molecular, es decir, el estudio, por medios moleculares, de antiguas culturas o costumbres culturales.

Algo más difícil, quizás, pero también más prometedora, sería la paleontología molecular. Como su nombre indica, se trataría de la ciencia que, por medios y técnicas moleculares, se dedicara al descubrimiento y análisis de antiguos moradores de este planeta. No estamos hablando aquí del análisis de los fósiles ya puestos en evidencia, sino del descubrimiento y clasificación de otros nuevos por medios moleculares.

Hasta hace muy poco, esta ciencia no existía, ni siquiera se sabía si era posible. Sin embargo, los resultados de un grupo de investigadores daneses, rusos y británicos, publicados recientemente en la revista *Science*, han hecho posible su nacimiento, que, en efecto, promete muchas cosas. Veamos cómo.

Es bastante evidente, en los tiempos moleculares que corren, que la paleontología molecular tendría que estar basada en el análisis de restos de moléculas de ADN presentes en sedimentos producidos hace miles o incluso millones de años. Todas las células de los seres vivos poseen ADN, que pasa al suelo cuando mueren. Sin embargo, también, durante su vida, los organismos "siembran" ADN con sus heces y con la orina. Las plantas dejan su ADN en el suelo con las hojas caducas o con las raíces, una vez muertas. Así pues, que el ADN pasa de los seres vivos al suelo, y con el tiempo al subsuelo, es innegable, pero ¿puede conservarse ese ADN sin ser completamente destruido en poco tiempo?

Para analizar la posible presencia de ADN antiguo en el subsuelo, los investigadores extrajeron capas de suelo de la zona norte de Siberia y del interior de cuevas de Nueva Zelanda. Los investigadores supusieron que el frío extremo de Siberia, o la extrema sequedad de las cuevas neozelandesas, habrían protegido al ADN de su destrucción.

La extracción de sedimentos se hace introduciendo en el suelo un cilindro metálico hueco hasta una determinada profundidad. El interior del cilindro se rellena de tierra, y al ser retirado y posteriormente vaciado, los investigadores disponen de un "chorizo" de sedimentos a varias profundidades. Cuanto más profundo, más antiguo es el sedimento. En este caso, los investigadores analizaron un "chorizo" de suelo de una profundidad de treinta y un metros, correspondiente a unos dos millones de años de edad.

Los investigadores extrajeron entonces una pequeña cantidad de sedimentos del "chorizo", a varias distancias de la superficie, para someterla a un procedimiento de purificación química de ADN. Caso de existir, el ADN habría sido así separado del resto de impurezas presentes en el sedimento y podría ser sometido a análisis, pero la cantidad de ADN así recuperada sería demasiado pequeña para ser analizada. Afortunadamente, desde el final de los años 80, los investigadores disponen de una técnica molecular que permite amplificar, es decir, reproducir el ADN en un tubo de ensayo. Se trata de la técnica, bien conocida, del PCR, o reacción en cadena de la polimerasa. Con esta técnica, que empleamos habitualmente en los laboratorios de la Facultad de Medicina, de una molécula de ADN particular pueden obtenerse millones de copias idénticas, lo que permite ya su análisis, en particular, permite la obtención de la secuencia de bases del ADN.

Los investigadores intentaron, pues, la amplificación del ADN extraído de las muestras del suelo. Se centraron en la amplificación de pequeños fragmentos de ADN pertenecientes a genes particulares, elegidos porque obligatoriamente deben encontrarse en todos los organismos vivos. Se trata de genes presentes en las mitocondrias de las células animales, o en los cloroplastos de las vegetales. Para deleite de los científicos, el ADN pudo ser amplificado a partir de suelo de una edad de hasta 400.000 años, lo que indicaba que ADN de esa edad realmente existía en el subsuelo y no había sido completamente destruido.

Tras su amplificación, los distintos fragmentos de ADN fueron secuenciados, es decir, se obtuvo la secuencia de las cuatro "letras" que constituyen el lenguaje genético, la cual pudo entonces compararse con la secuencia de ADN perteneciente a los genes de mitocondrias o de cloroplastos de varios animales o plantas actuales. Esta comparación permitió determinar a qué clase de organismo pertenecía una determinada secuencia de ADN obtenida a partir de suelo de una determinada profundidad, es decir, de una determinada edad. Se vio así que el ADN extraído del subsuelo correspondía a tres especies de aves extintas y a veintinueve especies de plantas. Se pudo así obtener una muestra de la fauna y la flora que vivía en esos parajes hace cientos de miles de años.

Analizando la presencia de especies de animales y plantas a distintas profundidades, se pudo comprobar también que estas variaban de unos estratos a otros. Así se vio que ciertas especies de plantas habían visto reducida su frecuencia de un 36% a un 3%. Este declive correspondía, además al tiempo en que la gran fauna que antaño habitó esa zona, entre los que se encontraban mamuts y rinocerontes, se extinguió. Así, el declive, probablemente por causas climáticas, de cierto tipo de flora, necesaria para alimentar a tan enorme fauna, pudo ser el desencadenante de su extinción.

Este tipo de estudios puede ser, por tanto, útil no solo para estudiar la evolución de las especies, sino para analizar la evolución del clima, a través de su influencia en la distribución de animales y plantas. También puede servir para corroborar datos obtenidos mediante técnicas comunes de paleontología. Por ejemplo, analizando la presencia de ADN humano en el subsuelo del continente americano, podría determinarse la edad de la primera colonización humana de ese continente y cómo fue poco a poco ocupando su territorio y comparar estos datos con los ya obtenidos por otros paleontólogos.

Todos estos avances nos hablan, de nuevo, de cómo las ciencias se apoyan unas en otras y de cómo el conocimiento científico no puede dividirse en compartimentos estancos separados. Los mayores avances suceden, muchas veces, poniendo una ciencia al "servicio" de otra, como en este caso la biología molecular se ha puesto de lado de la paleontología, dos ciencias, en principio, que poco o nada tenían que ver la una con la otra.

28 de abril de 2003

Veinte Años Sabiendo Del Virus Del Sida

Puesto que el mes pasado se cumplió el quincuagésimo aniversario del descubrimiento de la estructura del ADN, parece buena época para rememorar pasadas gestas científicas. Una de las más importantes para la salud de todos fue el descubrimiento, hace ahora veinte años, del virus del síndrome de inmunodeficiencia adquirida, más conocido como SIDA. Por si fuera poco, este descubrimiento causó un conflicto entre Francia y los Estados Unidos, tal y como sucede en la actualidad por razones mucho menos científicas que aquellas.

Recordemos la historia. Nos encontramos a principios de los años 80. Una extraña dolencia parece atacar a los homosexuales de los Estados Unidos, sobre todo a los de la ciudad de San Francisco. Nadie sabe qué sucede, pero los más optimistas piensan que se trata de un castigo de Dios dirigido hacia aquellos que pecan contra las buenas costumbres. Los realistas, sin embargo, suponen que esta dolencia posee una causa desconocida, pero conocible, y que más vale que se descubra pronto, de lo contrario, en muy breve tiempo podría convertirse en una epidemia que bien podría alcanzar también a los no homosexuales, como en efecto así sucedió.

Uno de los primeros en creer que la epidemia era peligrosa, y que había que atraer el interés de los científicos para que trabajaran en comprender sus causas, fue el Dr. James Curran. Este currante sanitario, del Centro para el Control de Enfermedades estadounidense, se dirigió, en el año 1982, a los Institutos Nacionales de la Salud para presentar los datos sobre la epidemia existentes hasta el momento con la esperanza de que algún científico se interesara en la misma. Entre los asistentes a su charla, se encontraba el Dr.

Robert Gallo (pronúnciese "galo", es decir, francés de la Galia). Este investigador había descubierto dos retrovirus, virus cuyo genoma está compuesto de ARN y no de ADN, que eran causantes de leucemias, y a los cuales denominó HTLV I y II. Estos virus se transmitían sexualmente, y la descripción que Curran hizo de la enfermedad, sin duda también de transmisión sexual, indicaba que el agente causante podía ser un retrovirus.

Gallo consiguió sangre de pacientes de SIDA en mayo de 1982 y averiguó que algunos de ellos estaban contaminados con el virus HTLV I. Esto le sugirió que este virus podría ser el causante de la enfermedad, la cual, a finales de ese mismo año se había convertido en una epidemia mundial. Entre los países afectados, se encontraba, por supuesto Francia, y también España.

En Francia, espoleados por la idea del Dr. Gallo de que un retrovirus podía ser el causante de la enfermedad, se creó un grupo de investigación dirigido por el Dr. Luc Montagner, del instituto Pasteur. Estos investigadores analizan la sangre de pacientes franceses y descubren la presencia de un retrovirus. Para confirmar si se trata del mismo virus que el Dr. Gallo postula como causante, le piden a este último los reactivos necesarios para confirmar su identidad, que él solo posee. El Dr. Gallo les envía los reactivos y se establece así una colaboración científica internacional, de las que tantas existen hoy en día. Sin embargo, los franceses, utilizando los reactivos de Gallo, descubren que el virus que han aislado no es el HTLV I, ni tampoco el II. Debía tratarse, pues, de un nuevo virus que bautizan con el nombre de LAV o virus de la linfoadenopatía.

Gallo no se cree, o no quiere creerse, los resultados de los franceses, confirmados, sin embargo, con sus propios reactivos, y se empeña en que el virus causante de la enfermedad es el HTLV. Publica sus resultados en la revista *Science* al mismo tiempo que Luc Montagner, al que nadie cree, publica los suyos. Gallo continua sus investigaciones y, a finales de 1983, describe el descubrimiento de un nuevo virus de la familia HTLV que denomina, con gran desgaste imaginativo, HTLV III. Este sí es el causante de la epidemia, se dice Gallo, y así lo dice al mundo.

Mientras tanto los franceses desarrollan un sistema de detección del virus LAV y pretenden patentarlo en los Estados Unidos. Esto se retrasa lo suficiente como para permitir a Robert Gallo patentar su método de detección, básicamente idéntico al de los franceses, pero basado en el virus HTLV III.

Sin embargo, la epidemia es demasiado importante como para que solo estos dos investigadores estudien el virus causante de la misma. Otros laboratorios consiguen secuenciar los genomas del HTLV III de Gallo y del LAV de Mongtaner y se dan cuenta de que son tan similares que, dada la tasa de mutación de este virus, los dos virus no son solo el mismo, sino que deben provenir del mismo paciente. ¡Aparentemente, Robert Gallo había aislado el virus HTLV III de una muestra de sangre de un paciente que Luc Montagner le había enviado y de la que este había a su vez aislado el virus LAV!

Este asunto creó tanta polémica, y levantó los ánimos de tal manera entre los dos países que, en 1986, Ronald Reagan, y Jacques Chirac, primer ministro de Francia en aquella época, tuvieron que acabar con el conflicto firmando un acuerdo para compartir los beneficios del método de detección del virus del SIDA, que desde entonces se denominó HIV, o virus de la inmunodeficiencia humana, cuyo descubrimiento se atribuyó igualmente a Gallo y a Montagner.

¿Quién iba a imaginar que, veinte años después del descubrimiento del agente causante de la epidemia del SIDA, se iniciara otra epidemia peligrosa, de alcance mundial y causada por otro nuevo virus? Me estoy refiriendo, por supuesto a la neumonía asiática. Los más optimistas piensan que esta era el arma de destrucción masiva de Sadam Hussein. Los realistas, sin embargo, creen que ni siquiera hace falta diseñar nuevos virus como armas. Estos aparecen solos, ayudados por la necesidad humana de criar a millones de animales con los que estamos en contacto cotidiano y que, además de alimento, sirven de depósito para algunos virus que consiguen así saltar la barrera de las especies y atacar al ser humano. Las enfermedades infecciosas ya eran la reina de las causas de mortalidad antes de la aparición de la neumonía asiática. Con la aparición de esta enfermedad, su reinado se ve afianzado.

12 de mayo de 2003

Una Nueva Vacuna Contra El Cáncer

Los avances espectaculares de la medicina aún no han conseguido que el cáncer deje de ser la causa más importante de mortalidad prematura en los países desarrollados. Es evidente que para acabar con esta enfermedad no es suficiente con los tratamientos de los que disponemos hoy en día. Por esta razón, la investigación sobre nuevas estrategias terapéuticas contra el cáncer es muy importante.

Los cánceres más difíciles de vencer son aquellos de los tejidos sólidos que han formado metástasis, es decir, se han diseminado a otros órganos, sobre todo al pulmón y al riñón. En estos casos, la extensión del tumor hace muy difícil su erradicación por medios físicos (la radioterapia o la cirugía) o químicos (la quimioterapia). Por esa razón, se investiga en la puesta a punto de métodos biológicos anticancerosos. Uno de los más interesantes es la lucha inmunológica contra el cáncer. Se trataría aquí de manipular el sistema inmune para que reconozca el tumor como extraño al organismo, lo ataque y lo destruya.

Para que esto ocurra, el tumor tiene que ser diferente en algo a los tejidos del organismo. Esto es en muchos casos cierto. Algunos tumores producen proteínas diferentes a las normalmente producidas por los tejidos adultos, las cuales pueden ser reconocidas como extrañas. Estas proteínas se denominan antígenos tumorales, ya que los antígenos son aquellas sustancias que pueden inducir una respuesta del sistema inmune contra ellos.

No obstante, la producción de antígenos tumorales no es suficiente para que el tumor sea reconocido como extraño y sea atacado por el sistema inmune. Para que ello suceda, el sistema inmune necesita detectar al enemigo, y esto, en el caso de los tumores, muchas veces no sucede o, mejor dicho, cuando nos enteramos de la presencia del tumor es que en ese paciente no ha sucedido, o si ha sucedido, el ataque del sistema inmune ha sido inhibido por el propio tumor.

El sistema inmune está organizado como un ejército con labores defensivas. Un elemento fundamental de dicho ejército son los centinelas. Ellos son los que patrullan las fronteras de su territorio en búsqueda de infiltraciones del enemigo. Al detectar una, envían la señal de alarma y ponen en marcha a los comandos ejecutivos del ejército, encargados de atacar y eliminar a dicho enemigo.

De la intensidad y extensión de la alarma depende en parte la respuesta del sistema inmune contra el enemigo. Si muchos centinelas dieran la alarma al mismo tiempo, el ejército se movilizaría con mayor fuerza para luchar contra lo que aparentemente es un ataque en toda regla y no un simple intento de infiltración.

Los centinelas del sistema inmune son unas células que por su forma similar a las de las neuronas, se denominan células dendríticas. Estas células se descubrieron en 1868 por Paul Langerhans, quien supuso, erróneamente, que eran células nerviosas. No fue hasta 1973 cuando los estadounidenses Ralf Steinman y Zanvil Cohn detectan estas células en los órganos del sistema inmune y proponen que su función debe estar relacionada con la función de dicho sistema y no con el sistema nervioso. Hoy sabemos que las células dendríticas tienen la misión de detectar al enemigo y de presentar su firma molecular, es decir, las moléculas propias de los organismos enemigos, a las demás células del sistema inmune encargadas de la lucha. Las células dendríticas presentan dichas moléculas enemigas en su superficie y cuanto mayor sea esta más eficazmente pueden realizar su función. Por eso, su superficie se extiende formando prolongaciones similares a las encontradas en las células nerviosas. Es en esas prolongaciones donde se produce el contacto con las otras células del sistema inmunitario que necesitan ser activadas para luchar contra el enemigo. Parece pues que la forma dendrítica de las células está relacionada con la comunicación con otras células, sean estas nerviosas o no.

Resulta por tanto crítico que los centinelas, es decir, las células dendríticas, se encuentren en cantidad suficiente para dar una señal de alarma adecuadamente intensa. También es necesario que se encuentren con el enemigo, o al menos con partes de él, para que puedan internalizarlo, procesarlo, y luego mostrar moléculas del mismo en su superficie para enseñarlas a otras células.

En el caso de los tumores, las células dendríticas tienen ciertas dificultades para reconocerlos como enemigos. Estas células, como buenos centinelas, suelen encontrarse donde es más probable que el organismo sufra un intento de invasión, es decir, en la piel y en las mucosas, y no en los órganos internos donde suelen desarrollarse tumores. Por esta razón, el número de células dendríticas encargadas de dar la alarma sobre un anormal crecimiento celular puede no ser suficiente para desencadenar una respuesta inmune eficaz para detener el crecimiento del tumor y eliminarlo.

Si todo esto es cierto, una manera de favorecer la respuesta inmune contra el tumor sería reclutar a un número de centinelas suficiente, mostrarles el enemigo y luego introducirlos en el organismo para que den la voz de alarma por todas partes. Esta estrategia y otras similares son las que se están ensayando en la actualidad para desarrollar una nueva vacuna contra el cáncer. Se ha conseguido producir células dendríticas a partir de otras células de la sangre, fáciles de obtener: los monocitos. Así, monocitos del paciente son tratados con ciertos agentes que los convierten en células dendríticas. Estas son entonces puestas en contacto con células tumorales del propio paciente, muertas o inactivadas. De esta manera conocen a su enemigo, tras lo cual son reintroducidas en el cuerpo del paciente con la esperanza de que sean capaces de activar una potente respuesta inmune contra el tumor.

Esta metodología constituye un nuevo procedimiento de vacunación. En la vacunación clásica, se introduce el enemigo en el organismo para que este aprenda a reconocerlo y a defenderse de él. En este nuevo método, no se espera que el organismo descubra al enemigo por sí solo, sino que se producen nuevas y más numerosas células centinela a las que se enseña a reconocer al enemigo antes de introducirlas en el organismo que deben ayudar a defender. Desgraciadamente, aunque esperanzadora, todavía queda mucho por estudiar para asegurar la eficacia de esta estrategia terapéutica y su uso seguro en pacientes. Confiemos en que en pocos años estas promesas se conviertan en realidad.

19 de mayo de 2003

¿Será Posible Predecir Los Seísmos?

El reciente terremoto de Argelia supone, como todos los terremotos en los que se producen víctimas mortales, un recordatorio más de lo frágil que a veces resulta la vida frente a los caprichos de la Naturaleza. La Humanidad se encuentra indefensa ante estas enormes catástrofes, por el momento impredecibles.

Afortunadamente, siempre hay quien se rebela contra los caprichos de la Naturaleza, y en este caso, los geólogos llevan mucho tiempo trabajando para intentar averiguar si es posible o no predecir los terremotos y, si lo es, cómo y con cuánta fiabilidad.

El filósofo Bacon decía que la Naturaleza, para ser gobernada, debe ser obedecida. Esta máxima es válida sobre todo para el desarrollo de la tecnología, pero en el caso de la predicción de los terremotos, se trata en particular de conocer cómo se comporta la corteza terrestre en sus mínimos detalles para poder interpretar los signos que la Naturaleza pueda dar antes del desencadenamiento de un movimiento sísmico.

El debate sobre la posibilidad de predecir o no los terremotos puede considerarse ya antiguo. Para entender las cuestiones que se debaten, se hace necesario primero comprender qué sucede para que se produzcan movimientos sísmicos. Estos suceden porque la corteza terrestre es eso, una corteza que flota, fragmentada en trozos, en placas, sobre el magma del interior de la Tierra. Las placas de la corteza se desplazan lentamente unas sobre las otras, y este desplazamiento, lejos de estar lubrificado, produce tensiones puntuales entre las placas, que acumulan una gran energía. En cierto momento, la tensión acumulada es tan enorme que las rocas se deforman y terminan por romperse. La energía así liberada se desplaza rápidamente y origina que dos bloques de rocas se deslicen rápidamente uno sobre otro a lo largo de una falla, es decir, de una discontinuidad en la corteza terrestre. Este brusco deslizamiento es lo que causa los terremotos.

A partir de esta ruptura y deslizamiento de placas, se establece un nuevo equilibrio. Poco a poco, sin embargo, esta nueva situación de equilibrio entre las placas va acumulando nuevas tensiones hasta que llega un momento en el que un nuevo terremoto se desencadena.

Una teoría simple y optimista de predicción de terremotos sugería que si se conocía el último terremoto generado por una falla y podían averiguarse la tasa de acumulación de tensiones entre las placas, podría predecirse el siguiente terremoto. Por desgracia no es tan simple como eso, y algunos de los seísmos predichos mediante esta teoría nunca han tenido lugar.

La razón de esto es que las superficies de deslizamiento entre las placas ofrecen irregularidades que no pueden clasificarse dentro de un patrón determinado. Así, las dos superficies de contacto que se deslizan en un terremoto pueden ser más rugosas o más lisas en distintos puntos del deslizamiento, y pueden acumular diferentes niveles de tensión según los tipos de superficie que deban deslizarse en un momento determinado. Los geólogos suponen hoy que las placas se deslizan a saltos, según el modelo de la cascada de arena, o de sal. Para entender esto, cojamos un paquete de sal y comencemos a verterlo lentamente sobre una superficie lisa y limpia (sobre todo si luego quieren echarle esa sal a la ensalada). Comienza así por formarse una montañita sobre la superficie desde la cual se deslizan hacia abajo los granos de sal, pero estos no suelen deslizarse a una velocidad constante, sino que se acumulan en la cima y luego, repentinamente, se produce una pequeña avalancha de granos hacia abajo. De nuevo, más granos de los que vertimos se acumulan hasta que una nueva avalancha, mayor o menor que la anterior, se produce. Los científicos han demostrado que el comportamiento de las avalanchas en esta situación es caótico, es decir, que no puede ser predicho. Algo similar se supone que sucede en el deslizamiento de dos placas de la corteza terrestre. Estas se deslizan a saltos similares a las avalanchas de granos de sal anteriores.

La situación parece pues impredecible, pero hay quien la ha examinado más de cerca y se ha dado cuenta de que no es necesario predecir todas las avalanchas, lo cual es sin duda imposible, sino solo una, la próxima. Para conseguir esto, sería necesario analizar el movimiento de los granos de sal para ver si este es en algo diferente justo antes de que se origine una avalancha.

En el caso del deslizamiento de las placas, se sabe que estas siguen, además la ley simple del rozamiento. Esta ley la ha experimentado cualquiera que haya tenido que arrastrar una caja pesada sobre el suelo. Es evidente que cuesta empezar a deslizar sobre el suelo la pesada caja, pero una vez esta comienza a moverse, continuar moviéndola resulta más fácil. Esto es así porque las superficies no son nunca perfectas, sino que poseen una cierta rugosidad y el desplazamiento de una superficie sobre otra hace, en general, que disminuya el número de contactos entre los átomos de los dos objetos que se deslizan. Así, la intensidad del rozamiento de la caja con el suelo disminuye desde el estado de reposo al de movimiento, debido a que hay menos átomos de contacto caja/suelo al desplazarse la caja. Lo mismo sucede con las placas de la corteza terrestre.

Por consiguiente, para predecir cuándo dos placas pueden comenzar a deslizarse la una sobre la otra hay que analizar si antes de que este deslizamiento se produzca existe una fase inicial, quizá de movimiento muy lento, que es la que comienza a originar un descenso del rozamiento entre las placas, debido a la modificación de su superficie de contacto. Este descenso del rozamiento posibilitaría al final el deslizamiento brusco de las placas causante del terremoto.

Es posible que esta fase inicial sea demasiado corta para poder predecir el terremoto de manera útil ,es decir, para que dé tiempo suficiente como para evacuar a las poblaciones afectadas. Hoy en día, la tecnología de la que disponemos no permite detectar esta potencial fase inicial de los terremotos, pero si la tecnología avanza a la misma velocidad con lo que lo ha hecho la pasada década, es posible que dentro de unos años esta proeza sea posible y muchas vidas puedan así ser salvadas.

26 de mayo de 2003

Transdiferenciación Celular Antidiabética

ES BIEN CONOCIDO que la diabetes es una enfermedad causada bien por un defecto de las células del cuerpo para detectar la presencia de insulina, bien por la destrucción, por el propio sistema inmunitario del paciente, de las células pancreáticas que producen esta hormona, y que se denominan células de Langerhans. Este último tipo de diabetes, quizá el más peligroso, necesita de la inyección diaria de hormona insulina para mantener unos niveles aceptables de glucosa en sangre. Sin insulina, las células no pueden incorporar glucosa, el combustible celular más importante, su tasa sanguínea aumenta y, llegados a un punto, la supervivencia se encuentra amenazada.

La inyección de insulina, sin embargo, no es suficiente para evitar las negativas consecuencias de la enfermedad. La inyección de dosis de insulina a distintos tiempos durante el día no imita la producción natural de insulina por el páncreas, claro está. Esta producción es muy sensible a los niveles de glucosa sanguínea y se adapta a ellos para mantenerlos dentro de unos límites estrechos. La regulación de los niveles de glucosa mediante inyecciones de insulina no puede ser tan precisa como la regulación natural, y las fluctuaciones de concentración de glucosa, además del riesgo de peligrosas hipoglucemias, causan otras complicaciones, originadas principalmente por la degeneración de los capilares sanguíneos, que acaban por producir ceguera, problemas renales y patologías vasculares.

Por estas razones, el rudimentario tratamiento de la diabetes mediante la inyección de insulina se intenta sustituir por terapias más avanzadas. Una de las estrategias que se han explorado es el trasplante de páncreas, o de los islotes de células de Langerhans, el cual tiene el problema de la escasez de donantes y de la dificultad del tratamiento anti-rechazo. Para evitar estas dificultades, la estrategia que está siendo explorada en la actualidad es el empleo de células madre y su diferenciación, es decir, su conversión mediante su adecuada manipulación, en células pancreáticas productoras de insulina. Se trataría aquí de aprender qué sustancias inducen a una célula madre a convertirse en célula de Langerhans y, una vez conseguido, implantar estas células en el paciente.

De tener éxito, esta terapia se encontraría con un problema, derivado de la propia causa de este tipo de diabetes. Esta enfermedad se produce, como he mencionado arriba, por la destrucción de las células pancreáticas por el propio sistema inmune, es decir, por razones aún no completamente comprendidas, el sistema inmune identifica a las células productoras de insulina como extrañas al organismo y las destruye. Es, por tanto, posible que al implantar nuevas células pancreáticas derivadas de células madre del propio paciente, su sistema inmune acabe por destruirlas de nuevo y vuelva a recaer en la enfermedad.

Quizá por estas razones, y por la dificultad práctica y ética de manipular células madre, se están investigando otras avenidas terapéuticas. Una de las más prometedoras es la terapia génica. Se trata aquí de introducir en células del organismo genes para la producción de insulina, en particular, el propio gen de esta hormona. Sin embargo, esta estrategia no funciona bien, porque para producir insulina, las células no solo necesitan el gen de la insulina, sino otros mecanismos de maduración de la hormona, propios de las células pancreáticas productoras de insulina, que las demás células del organismo no poseen.

Parece, pues, que si pretendemos deshacernos de las molestas e ineficaces inyecciones cotidianas de insulina, tenemos que ser capaces de producir células de Langerhans o, al menos, células lo más parecidas a estas que nos sea posible. ¿Existen otros medios diferentes de la manipulación de células madre para conseguirlo? Aparentemente sí, y es lo que han demostrado un grupo internacional de investigadores estadounidenses y japoneses, quienes publican sus resultados en la revista *Nature Medicine*.

Estos investigadores sabían que las células pancreáticas de Langerhans lo son porque son capaces de activar el funcionamiento de los genes que les son propios y de inhibir el funcionamiento de los que les son impropios. En realidad, es lo que sucede con cualquier célula de nuestro organismo. Aunque todas poseen el mismo genoma, el mismo conjunto de genes, no todas tienen a todos ellos funcionando a la vez, ni mucho menos. Las células pancreáticas de Langerhans solo tienen funcionando un subconjunto de genes de su genoma, genes que son, precisamente, los que hacen posible que sean células de Langerhans, y no hepáticas, por ejemplo, que tienen otro conjunto diferente de genes funcionando.

De esta manera si averiguamos cuáles son los genes que son propios a las células pancreáticas de Langerhans y somos capaces de forzar su funcionamiento en otro tipo de células, como las hepáticas, por ejemplo, quizá estas últimas sean capaces de adquirir al menos algunas de las propiedades de las células de Langerhans, en particular la producción de insulina.

Esto es exactamente lo que han conseguido estos investigadores. Mediante la inyección a ratones diabéticos de virus modificados genéticamente que infectan a las células del hígado, han introducido en algunas células hepáticas de esos animales dos genes necesarios para la generación de células beta durante el desarrollo embrionario. De esta manera, han logrado que las células hepáticas se transdiferencien, es decir, se conviertan en otro tipo y adquieran algunas de las propiedades propias de las células de Langerhans, entre otras su organización en islotes y, por supuesto, la tan deseada producción de insulina.

Tras la generación de estas células, que me atrevo a llamar pancreohepáticas insulinoproductoras (vaya taco), los investigadores se alegraron al comprobar que los ratones diabéticos habían dejado de serlo. Estos resultados abren una nueva esperanza de tratamiento para la diabetes. Sin embargo, no pensemos que este tratamiento va a estar disponible desde mañana en el hospital de la esquina. Hay todavía mucho camino por recorrer para comprobar que el tratamiento es seguro y que curamos la diabetes, pero, al mismo tiempo, no inducimos un cáncer hepático en los pacientes debido a una inadecuada integración de los genes del virus cerca de un oncogén, por ejemplo. Este caso demuestra a las claras que más investigación es necesaria para llevar, por fin, a la clínica, años y años de investigación básica. Sería una tragedia que ahora, cuando más sabemos tras ese esfuerzo investigador, nos detuviéramos porque la investigación cuesta cara y porque más vale emplear el dinero en comprar armas, o en fabricarlas para vendérselas a tiranuelos que luego hay que destronar con alguna guerra que reactive la fabricación de más armas, y no pudiéramos así conseguir que esos conocimientos mejoren la vida y la salud de todos.

9 de junio de 2003

Se Nos Ha Caído El Pelo

AL MARGEN DE calvicies, es evidente que nuestra especie es bastante poco peluda. Nuestros hermanos los chimpancés y otros simios poseen, sin embargo, pelo abundante y grueso por casi todo el cuerpo. El misterio del origen de nuestro estado lampiño no ha sido aún resuelto satisfactoriamente. De vez en cuando, como ahora, surgen teorías más o menos aventuradas de los biólogos para intentar explicar la razón de semejante característica humana. No obstante, antes de adentrarnos en la última sugerencia para explicar la falta de pelo en nuestros cuerpos, y su presencia en ciertas zonas donde suele estar rizado, permítanme que mencione algunas de las teorías que se han considerado hasta hoy.

La primera, y quizás la menos tenida en cuenta, es que la especie humana, durante su evolución, intentó adaptarse a la vida acuática, es decir, al igual que unos primitivos ungulados acabaron convirtiéndose en las ballenas actuales, el ser humano, antes de serlo, inició una adaptación al medio acuático y como resultado, perdió el pelo en casi todo el cuerpo, lo que facilitaría la natación. Esta hipótesis tiene varias ventajas. La primera es que explica bastante bien la cara de besugo que muchos tenemos. La segunda es que explica por qué nuestra especie sabe nadar casi de manera innata, y es tan buena nadadora comparada con los demás simios. También explica quizá que nos guste el pescado y que en nuestra dieta ocupe un lugar importante. En resumen, cierta adaptación al medio acuoso parece haber existido en nuestra evolución. Sin embargo, otros simios, como los macacos del Japón, son excelentes nadadores sin que por ello hayan perdido el pelo. El contacto con el agua y las habilidades natatorias no son pues imprescindibles para que los animales que las realizan pierdan el pelo.

No se ha conseguido aún evidencia sólida que pruebe que esta es la explicación por la que carecemos de pelo. Por esa razón, se han aventurado otras hipótesis, entre ellas que los primitivos humanos perdieron el pelo para poder controlar mejor la temperatura corporal en climas cálidos. Sin duda, la ausencia de pelo favorece la evaporación del sudor. El problema de esta hipótesis es que no explica por qué los esquimales también carecen de pelo. Además, muchos animales viven en climas cálidos y no por esa razón carecen de pelo. El caballo también suda para controlar su temperatura corporal, pero tiene pelo. Así pues, la hipótesis del control de la temperatura corporal no está muy bien sustentada.

En este orden de cosas, dos investigadores británicos, Mark Pagel y Walter Bodmer, sugieren ahora que la pérdida de pelo se produjo para evitar la picadura de insectos y parásitos, así como para incrementar nuestro atractivo sexual. Paradójicamente, tener pelo solo alrededor de los órganos sexuales externos es atractivo o cumple una función, para estos investigadores, de difusión de feromonas sexuales.

Según estos científicos, la ventaja de estar libres de parásitos, y el irresistible atractivo sexual de los hombres y mujeres sin pelo en pecho, debió de ser determinante para que solo sobrevivieran los lampiños. ¿Podemos estar seguros de que esto es así? La verdad, no. Los chimpancés, que viven aún en la zona de África de donde salieron nuestros ancestros, siguen sometidos a la tiranía de los insectos y parásitos, sin que por ello hayan perdido el pelo. La gran mayoría de los animales de esa zona tiene pelo también. Parece que el papel protector de este es superior a la supuesta desventaja de tenerlo. Además, los parásitos proporcionan a los simios oportunidades de cohesión social, ya que la desparasitación es una actividad social importante para mantener la cohesión del grupo. Si suponemos que la pérdida de pelo pudo producirse en algún raro mutante, como sucede en los ratones, esta mutación en un individuo del clan en el que la mayoría eran peludos, lejos de suponer un atractivo, hubiera supuesto lo contrario. Si hoy el racismo se sustenta en diferencias ínfimas entre los humanos, ¿por qué hubiera sido diferente con nuestros ancestros?

En mi opinión, ninguna de las tres hipótesis es satisfactoria para explicar por qué carecemos de pelo. Y es que los biólogos no han tenido aún en cuenta un nuevo dato sobre la evolución de nuestra especie, de interesantes consecuencias, que apunto aquí por primera vez. Hace unos setenta mil años, la especie humana estuvo al borde de la extinción y se calcula que solo sobrevivieron unos dos mil individuos, a partir de los cuales derivamos todos los seres humanos que hoy poblamos el planeta. Esto explica que la diversidad genética humana, las diferencias en el ADN entre los individuos, sea muy inferior a la del chimpancé. De hecho, la diversidad genética en poblaciones concretas de chimpancés, no ya entre toda la especie, es superior a la encontrada entre los seis mil millones de humanos que existimos hoy. Esto solo puede explicarse si todos descendemos, desde hace muy poco, de un número muy reducido de individuos.

Y aquí apunto mis propias consideraciones. El hecho de ser descendientes de solo unos pocos individuos multiplica exponencialmente el papel que algunas mutaciones genéticas han podido desempeñar para que los descendientes de esos mutantes poblaran la Tierra. Aquí tenemos dos posibles situaciones. La primera es que tal vez la falta de pelo, quizá generada por una mutación al azar, confiriera una ventaja reproductora importante a alguno o algunos de esos dos mil humanos en el restringido entorno y en la época en la que se encontraban, lo que, afortunadamente, logró salvar a la especie de la extinción. La segunda es que quizá esos dos mil individuos sobrevivientes lo fueran porque ya habían perdido el pelo a causa de una mutación, lo que igualmente les salvó de la extinción. La mutación pudo ser beneficiosa para evitar los parásitos, para nadar mejor, para controlar la temperatura, o ¿por qué no?, para las tres cosas a la vez. De ser así, los descendientes de esos humanos mutantes heredarían la Tierra y no tendrían más remedio que cubrirse, a medida que avanzaban hacia el norte, con las pieles de los animales que cazaban para poder gozar del pelo protector que habían perdido. En cualquier caso, no hay duda de que los biólogos, y en general los científicos, utilizan la cabeza no solo para peinarse o cabecear balones, lo cual, entre otras cosas, ha posibilitado la creación de pieles sintéticas que han salvado la piel a muchos y preciosos animales de nuestro querido planeta azul.

16 de junio de 2003

Fútbol y Sangre

EL ASCENSO A primera división del Albacete es sin duda una buena noticia para la ciudad. Muchos se frotan las manos al imaginarse ya las ganancias económicas que se producirán el año que viene, propiciadas por los hinchas visitantes de los equipos que se enfrentaran a nuestro Albacete. Nada menos que el Real Madrid, el Fútbol Club Barcelona, el Valencia... . Sin embargo, según los estudios de unos investigadores británicos, este ascenso puede causar un número adicional de muertes a nuestros conciudadanos, muertes que probablemente no sucederían de haberse quedado el equipo en segunda.

¿Alarmante? Sin duda lo es. Seguramente habrá usted oído alguna noticia de alguien que murió de infarto o de ictus cerebral mientras veía un partido de fútbol en el que su equipo favorito iba perdiendo o acababa de encajar un gol. Por supuesto, dichas noticias no quieren decir que la causa del fallo cardiaco o circulatorio de esa persona sea la emoción suscitada por el partido. Al fin y al cabo, más infartos sufren personas que no están viendo partido alguno. A pesar de esto, todos sospechamos que las intensas emociones sufridas por los hinchas de un equipo pueden afectar a su corazón, que se acelera en las acciones de peligro, o causar algún derrame cerebral debido al aumento de la tensión sanguínea cuando le han pitado un penalti en contra.

Sin embargo, las sospechas no son suficientes. Para saber si las emociones asociadas al fútbol son perjudiciales para el corazón y el sistema circulatorio hacen falta estudios científicos. Es lo que han realizado unos investigadores de la Universidad de Durham, en Inglaterra, quienes publican sus estudios en la revista *Journal of Epidemiology and Community Health* (Revista de Epidemiología y Salud Comunitaria).

Estos investigadores realizaron un estudio retrospectivo, es decir, un estudio que analiza los datos históricos recopilados por diversas fuentes. Para ello, los investigadores se hicieron con los resultados de 1.094 partidos de primera división inglesa que fueron jugados por los equipos Newcastle United, Sunderland, Middlesbrough, and Leeds United entre el 18 de agosto de 1994 y el 28 de diciembre de 1999. Estos datos se obtuvieron de un almanaque deportivo, el *Rothmans Football Yearbook* para más señas, y se dividieron en dos grupos: derrota en casa o cualquier otro tipo de resultado.

Los autores se proponían comprobar si existía alguna asociación entre los malos resultados de su equipo y una mortalidad cardiovascular más alta. Por esa razón, se hicieron también con los datos de mortalidad por dicha causa depositados en la Oficina Nacional de Estadística y recogidos por las autoridades sanitarias de las ciudades o regiones en las que jugaron los equipos de fútbol mencionados, y donde se supone que viven más hinchas auténticos de los mismos.

Lo que estos investigadores han encontrado es muy preocupante. Los días en que los equipos perdían en casa se registraba un aumento de hasta un 30% en la mortalidad masculina por causas cardiovasculares, sobre todo infarto de miocardio y derrame cerebral. Afortunadamente, las mujeres no veían aumentada la mortalidad en esos días. Esta diferencia de mortalidad masculina es significativamente superior a las variaciones en la mortalidad encontradas los días en que no jugaban los equipos, lo que sugiere una relación causa-efecto entre los días de derrota en casa y dicho aumento de mortalidad.

Es evidente que no todos los hombres que ven perder a su equipo en casa mueren de infarto, lo cual, de suceder, hubiera acabado de una vez por todas con el fútbol y nos hubiera dejado solo a los Toros como entretenimiento general. Lo que estos resultados indican es que en personas que han desarrollado problemas cardiacos o vasculares, el estrés causado por las emociones negativas de ver perder a su equipo puede ser el desencadenante de un episodio cardiovascular mortal. Lo preocupante aquí es que muchos pueden no enterarse de que tienen problemas cardiovasculares hasta que les da el infarto cuando su equipo encaja un gol.

Estos resultados se han obtenido con el fútbol, deporte que aunque mayoritario, no es el único espectáculo al que hombres y mujeres están expuestos. Esto quiere decir que posiblemente existe un número importante de muertes por accidentes cardiovasculares entre los espectadores de los diversos deportes de competición. Los estudios sugieren también que cuanto mayor es la unión emocional entre el espectador y el evento deportivo, mayor es la probabilidad de que este tenga problemas. No es lo mismo ver perder al equipo de su tierra que ver perder a un tenista que no conocemos personalmente, aunque quizá ver perder a un amigo sea aun emocionalmente peor que ver perder a nuestro querido equipo.

Es interesante notar que la mortalidad femenina no se ve aumentada por las derrotas en casa de su equipo. Puesto que existe un número significativo de mujeres a quienes les gusta el fútbol, cabe concluir que estas son más inteligentes que los hombres a la hora de tomarse a pecho semejante y absurda actividad. Sin embargo, una interpretación alternativa puede ser que las mujeres a quienes gusta el fútbol no les importa quien gane o quien pierda, sino solo contemplar esos magníficos ejemplares de macho humano ejerciendo su poderío físico con las pelotas.

Sea como sea, volvamos al principio. El Albacete está en primera. La temporada que viene tendremos que jugar contra el Madrid, el Barcelona, el Celta, el Valencia..., equipos todos ellos capaces de ganar al Albacete en casa y poner en peligro su permanencia en Primera. Equipos todos ellos capaces de hacernos aumentar el ritmo cardiaco y la presión sanguínea y causar la muerte a algunos de nosotros, si no tomamos medidas.

Moraleja: no se tome el fútbol tan a pecho, no es más que un juego, aunque mueva miles de millones de euros. Que no le vaya la vida en ello.

23 de junio de 2003

COMEDORES DE BACTERIAS

HACE UNOS AÑOS, el desarrollo de los primeros programas informáticos de vida artificial indicó que allí donde se generaban las condiciones para la reproducción de cualquier entidad, fuera esta un ser vivo o un programa informático, surgían parásitos, es decir, otras entidades capaces de reproducirse a expensas de las primeras. Los parásitos surgen, pues, de manera consustancial a la vida, y no hay más que ver cómo "trabajan" algunos en este país para darse cuenta de que esto es cierto.

Sería por tanto esperable que los parásitos más abundantes fueran aquellos que parasitan a los seres vivos más simples, puesto que ellos fueron los primeros seres vivos en estar, precisamente, vivos. Como los seres vivos autónomos más simples son las bacterias, cabe esperar que sea este tipo de organismo el que sufra de mayor número de parásitos. En efecto, así es. Los parásitos más numerosos de las bacterias son virus, y puesto que estos virus parecen comerse a las bacterias, se les denominó bacteriófagos.

Los bacteriófagos son, de hecho, los seres vivos más numerosos del planeta. Se calcula que existen unas diez elevado a treinta bacterias en la Tierra, es decir, una cantidad que corresponde a un uno seguido de treinta ceros o, para entendernos mejor, un millón de billones de billones. Pues bien, recientemente, examinando al microscopio electrónico el agua de mar, se ha calculado que cada mililitro de la misma contiene unos cincuenta millones de bacteriófagos. Para pensárselo dos veces antes de tomarse un baño marino, sobre todo si uno es una bacteria, claro. Este número indica que existen diez veces más bacteriófagos que bacterias en la Naturaleza.

Por supuesto, estos números no representan una situación estática, claro está, sino que reflejan el equilibrio reproductivo existente entre las bacterias y los bacteriófagos. Las bacterias se reproducen tan rápidamente como pueden, y lo mismo hacen los bacteriófagos a expensas de las bacterias. Estos virus se reproducen fijándose a la superficie de la bacteria e inyectándole su ADN, que toma el control de la maquinaria celular bacteriana y la utiliza para fabricar más virus. Cada partícula de virus que infecta a una bacteria produce así alrededor de cien partículas nuevas de virus capaces, a su vez, de infectar otras bacterias. Al final del ciclo reproductivo del virus, la bacteria se rompe y libera al exterior las nuevas partículas formadas.

Se ha calculado que, cada día, el cuarenta por ciento de las bacterias marinas son destruidas por los bacteriófagos. Los restos de las bacterias muertas sirven así de alimento a otras bacterias o acaban depositados en el fondo marino. Dada la enorme biomasa bacteriana que existe en los océanos, la desaparición diaria del 40% de la misma corresponde a la mayor cantidad de carbono traspasada diariamente del mundo vivo al medio ambiente. Por esta razón, se cree hoy que los bacteriófagos desempeñan el papel más importante en el ciclo del carbono y en su intercambio entre el entorno y los seres vivos.

Los bacteriófagos son interesantes también desde otros puntos de vista. Se calcula que la mayoría de las especies de bacterias y de bacteriófagos están aún por descubrir y que estas representan la mayor biodiversidad del planeta. Algunos investigadores han aislado recientemente nuevos bacteriófagos a los que han aplicado las modernas técnicas de biología molecular y de secuenciación de ADN. Lo que han encontrado es que más de la mitad de los genes de los bacteriófagos no son similares a ninguno de los genes conocidos en la actualidad, es decir, la biodiversidad no se limita solo a la cantidad de especies de bacteriófagos que existen sino a las características genéticas y moleculares de las mismas. Y esto es interesante, porque siendo estos virus muy primitivos, parece que la mayoría de sus genes no han servido para formar los genomas de otras clases de seres vivos.

No obstante lo anterior, igualmente asombroso es encontrar de vez en cuando genes en los bacteriófagos muy similares a algún gen humano. Es el caso de un gen que produce una proteína muy similar a la proteína humana denominada Ro. Resulta que existe una enfermedad, llamada Lupus eritematoso sistémico, que se caracteriza por la generación de anticuerpos contra algunas de nuestras propias proteínas, una de las cuales es, precisamente Ro. Dado el papel que las infecciones juegan en la aparición de la autoinmunidad, los investigadores se cuestionan ahora si no será alguna infección bacteriana acompañada de este bacteriófago productor de dicha proteína la responsable de poner en marcha en este caso el proceso patológico autoinmune.

No acaban aquí las posibles implicaciones de los bacteriófagos en la patología humana, ya que se sabe hoy que una enfermedad tan grave como el cólera es, en realidad, causada por la presencia, en el genoma de la bacteria Vibrio cholera, de un gen de bacteriófago responsable de la producción de la toxina del cólera. La toxina de la difteria es igualmente producida por un gen de bacteriófago que infecta a la bacteria causante de esa enfermedad. Las toxinas podrían conceder una ventaja reproductiva a las bacterias dentro del huésped al que parasitan, ventaja que, en última instancia, beneficiaría al bacteriófago que a su vez las parasita a ellas.

Como no me canso de repetir en estas páginas, todo en ciencia tiene su parte positiva y negativa. La parte positiva de esta historia es que un mayor conocimiento de la biología de estos interesantes virus bacterianos puede ayudar a desarrollar nuevas armas contra las bacterias patógenas. El estudio de los bacteriófagos como armas biomédicas no ha tenido un excesivo auge hasta el momento, debido a la eficacia de los antibióticos. Sin embargo, la aparición de estirpes de bacterias resistentes a prácticamente todos los antibióticos conocidos eleva el interés de estudiar estos microorganismos para convertirlos en nuestros aliados. Al fin y al cabo, el enemigo de nuestro enemigo puede ser, en algunos casos, nuestro amigo. Como siempre, la investigación en este y otros temas es la que nos brindará nuevas oportunidades de mejorar la vida de todos.

21 de julio de 2003

Viaje Neuroastral

Resulta, para mí, interesante que el ser humano, al enfrentarse por primera vez a un fenómeno desconocido, le busque explicaciones, en general, fuera del mundo material, y atribuya lo que sucede en la Naturaleza a fuerzas inmateriales, dioses diversos o, en última intancia, a los designios de un solo dios.

Sería imposible hacer un listado de todos los fenómenos a los que se atribuyen o se han atribuido causas misteriosas, así que me voy a limitar aquí a un fenómeno que quizá experimentemos todos tarde o temprano. Me refiero a la experiencia de lo que yo llamo la cuasimuerte, que puede suceder justo antes de que muramos definitivamente.

Me refiero aquí a lo que nos cuentan esas personas que han estado clínicamente muertas, pero que han sido "resucitadas" mediante la aplicación de la moderna tecnología médica, es decir, de las experiencias de aquellos que han estado en el umbral de la muerte, pero le han dado la espalda. La mayoría de estas personas cuentan que han sufrido la experiencia de salirse de su cuerpo y flotar por encima de él. También cuentan que han experimentado una sensación de paz, incluso si se trata de inveterados pecadores y criminales, y que han recorrido un túnel al final del cual se veía una brillante luz, que los creyentes identifican con la luz de Cristo, de Alá o de Buda, y los no creyentes con un intenso foco luminoso, faro, o algo similar. Aparentemente, las luces y calores del Infierno están ausentes de sus relatos, lo cual debe tranquilizar a más de uno.

Estas experiencias cuasimortales han sido objeto de estudios desde finales del siglo XIX, y pantanos de tintas de diversos colores, sin duda, han tenido que fabricarse para escribir todo lo que se ha publicado al respecto. Por supuesto, muchos de esos artículos y libros intentan dar una explicación a este fenómeno, que parece han experimentado la inmensa mayoría de los que han "resucitado". La explicación más popular, que casi nunca es científicamente la más rigurosa, sostiene que estas experiencias constituyen la prueba irrefutable de la dualidad de cuerpo y alma. Estudios publicados solo hace dos años por la prestigiosa revista médica *The Lancet*, realizados por el cardiólogo Holandés Pim Van Lommel, defienden esta tesis. Este médico realizó un estudio con 343 personas que habían estado cuasimuertas y habían cuasiresucitado. A cada una les pasó un cuestionario varias semanas después de su experiencia y a los dos años de la misma. Incluso algunos recibieron otro cuestionario a los ocho años de haber vuelto a la vida. Todo indica que las experiencias son reales y no inventadas. La conclusión del cardiólogo, según sus propias palabras: "hay que poner en duda el concepto admitido hasta ahora, pero nunca probado, de que la consciencia y la memoria residen en el cerebro."

Ante la avalancha de evidencias que indican que nuestra propia identidad reside en la actividad cerebral, y que lo mismo sucede con nuestros recuerdos y nuestras capacidades humanas, la conclusión del cardiólogo, que quizá por su profesión, debe pensar más con el corazón que con el cerebro, no deja de ser sorprendente, a pesar de su serio estudio. Los científicos no estamos exentos de suponer que las conclusiones que extraemos de nuestros estudios son perfectamente lógicas y consistentes, cuando en realidad son solo conclusiones placenteras, que apelan, precisamente, más a nuestro corazón emocional que a la lógica.

Por esta razón, conocida de los científicos, la ciencia dispone de mecanismos para asegurar la veracidad de ciertas aseveraciones. Si otros estudios recabaran datos que fueran consistentes con las conclusiones de un estudio anterior, dichas conclusiones se verían reforzadas. Por el contrario, estudios contradictorios indicarían que algo no es correcto. Según la naturaleza de los datos y su adecuación a lo que ya se conoce, quizá se pudiera decidir incluso si las conclusiones de un determinado estudio son falsas.

En cualquier caso, para explicar estas experiencias de abandonar el propio cuerpo, sin necesidad de suponer que es el alma la que se libera momentáneamente, necesitamos adquirir datos que así lo indiquen. En vista de que existen muchas otras cosas más interesantes que hacer, no hay muchos investigadores que, explícitamente, se hayan dedicado a estudiar, por ejemplo, si existe alguna zona cerebral cuyo funcionamiento anormal fuese responsable de estas experiencias.

La suerte, sin embargo, ha venido en ayuda de la ciencia. Mientras estimulaban con corrientes eléctricas el cerebro de una paciente epiléptica para intentar identificar la zona de su cerebro responsable de los ataques epilépticos, los doctores estimularon un área cerebral, denominada girus angular, que indujo a dicha paciente a experimentar que se separaba de su cuerpo, o que sus brazos y piernas se movían cuando en realidad no lo hacían. Estudios más detallados probaron que la paciente no mostraba ninguna anormalidad en esa zona del cerebro, por lo que estos hechos indicaban que las experiencias de salir del propio cuerpo, y quizá también las experiencias cuasimortales, dependían de la estimulación de una zona específica del cerebro. En este último caso, la falta de oxígeno puede ser crucial para experimentar esas sensaciones y, curiosamente, esta zona del cerebro se encuentra en la frontera entre dos sistemas cerebrovasculares por lo que puede ser extremadamente sensible a una pérdida repentina de presión sanguínea, que sin duda sucede en caso de paro cardiaco, la cual iniciaría estas alucinaciones.

Y es que estos estudios indican que, en efecto, las experiencias de separación del propio cuerpo son alucinaciones que tienen que ver con el movimiento del cuerpo, el sentido de equilibrio y la posición en el espacio, en lugar de ser alucinaciones más clásicas, como las que implican a otros sentidos, visiones extrañas, voces, ruidos de ultratumba o incluso música celestial.

Investigaciones más detalladas están en marcha para intentar demostrar definitivamente que estas experiencias se deben solo a una estimulación cerebral anómala. Así pues, estos estudios no niegan la veracidad de las experiencias de salida del propio cuerpo, sino que la confirman y, lo que es más, explican estas experiencias desde el punto de vista fisiológico y científico mediante conocimiento que es perfectamente coherente con el conocimiento adquirido hasta la fecha sobre cómo funciona nuestro cerebro. Puede ser una pena para muchos, pero no parece que la ciencia necesite del alma para explicar nada, ni siquiera las "salidas" del propio cuerpo. Para finalizar, le deseo las mejores vacaciones, si no las ha acabado ya, y también que la única experiencia cuasimortal que experimente sea la vuelta al trabajo.

4 de agosto de 2003

Los Tres Cerditos, Clonados

Supongo que, a estas alturas de la vida, todos debemos ya saber los fundamentos de cómo funciona la clonación. En esta técnica tan polémica, el núcleo de una célula adulta, que contiene todos los genes de la especie a la que pertenezca, es introducido en el interior de un óvulo de la misma especie, al cual se ha eliminado previamente su núcleo. Se consigue así un óvulo quimérico, una mezcla del citoplasma del óvulo y del núcleo de la célula adulta, que contiene todos los genes de esta última.

Lo interesante sucede ahora. La célula así formada, tras ser estimulada con breves pulsos eléctricos que intentan simular lo que sucede tras la fecundación del óvulo con un espermatozoide, es capaz de reprogramar el ADN de la célula adulta y reiniciar el programa de desarrollo embrionario. Esto es así porque el óvulo contiene en su citoplasma los factores de reprogramación necesarios y suficientes para lograr esta proeza. Estos factores viajan del citoplasma del óvulo al núcleo de la célula adulta y ponen en marcha los genes necesarios para el funcionamiento del programa embrionario. Implantadas en un útero adecuado, algunas de estas células pueden generar un animal aparentemente idéntico al original, es decir, idéntico al animal del cual se ha obtenido el núcleo de la célula adulta que contiene el ADN.

La técnica de la clonación así efectuada sufre, como es de esperar, de bastantes problemas. La enorme mayoría de los óvulos tratados no llegan al nacimiento una vez implantados. Si el nacimiento se produce, los animales pueden no ser totalmente normales por múltiples razones, y no está claro que su longevidad o susceptibilidad a las enfermedades sean también normales. La oveja Dolly, por ejemplo, murió a los seis años de edad, joven para una oveja. Estas y otras cuestiones han impulsado la investigación para intentar mejorar la técnica de la clonación. Tengamos en cuenta que, al margen de la polémica generada por el tema de la clonación humana, la clonación con éxito de animales de granja tiene sus implicaciones económicas. La clonación permitiría, por ejemplo, crear una estirpe a partir de un solo animal buen productor de leche, huevos, o carne. Al mismo tiempo, la clonación puede ayudar a recuperar especies en peligro de extinción, clonando múltiples veces a los pocos ejemplares que puedan quedar. Todo esto depende, claro está, de que se disponga de un técnica fiable, sin errores, y con un buen porcentaje de éxito.

Esto es lo que parece haber logrado un equipo de investigadores de Taiwán. Estos investigadores sabían de los problemas de la técnica clásica de clonación animal. Aunque la clonación puede adolecer de problemas de origen puramente biológico, como la incorrecta reprogramación del ADN, que habrá también que mejorar, no es menos cierto que la clonación sufre de problemas técnicos. Para lograrla, hay que manipular una célula adulta, extraer su núcleo y posteriormente inyectarlo con una micro jeringa dentro del óvulo, al cual se ha previamente manipulado para eliminarle su núcleo. Todos estos procedimientos son complicados y delicados y, durante su aplicación, el ADN de la célula puede ser dañado. Si esto sucede en lugares del ADN necesarios para el desarrollo del animal, este morirá, o será anormal.

Así pues, cualquier modificación de esta técnica que simplificara todos estos complicados métodos sería potencialmente beneficiosa. Lo que estos investigadores probaron, con éxito, fue eliminar el paso del aislamiento del núcleo de la célula adulta e inyectaron en el óvulo sin núcleo una célula adulta entera. Esta idea era arriesgada. Como sabemos, una célula entera posee una membrana exterior que la separa del resto del mundo. Se pensaba que esa membrana impediría que los factores presentes en el citoplasma del núcleo llegaran hasta el ADN de la célula inyectada para reprogramarlo. No ha sido eso lo que ha sucedido. Con esta técnica, los investigadores lograron producir con mayor porcentaje de éxito cuatro clones de cerdo. Uno de ellos murió a los pocos días, pero los tres restantes parecían sanos y dispuestos a llegar a la edad en la que, como en el cuento, la abuelita les diría que ya era tiempo de independizarse. Muy contentos, los investigadores enviaron sus excelentes resultados para su publicación en la revista científica *Biology of Reproduction*.

Sin embargo, casi al mismo tiempo que aparecieron publicados estos resultados, los investigadores debieron, con tristeza, comunicar a la prensa que los tres cerditos nunca podrían ir al bosque a construir sus casas de paja, madera y ladrillo. Los tres cerditos clonados habían muerto repentinamente, prácticamente todos juntos al mismo tiempo, de un ataque cardiaco a la tierna edad de seis meses. Era como si su corazón clónico hubiera estado programado para detenerse tras latir un número determinado de veces. Estas noticias, desgraciadamente, vuelven a levantar la alarma sobre la técnica de la clonación, aunque sea solo animal. Al fin y al cabo, la producción animal debe seguir también unas mínimas normas éticas para el correcto tratamiento de los animales, y producir animales imperfectos que pueden experimentar quizá niveles más elevados de sufrimiento que los normales de una vida en una jaula o en una granja debería, si es posible, ser evitado. Por supuesto, al margen de estas consideraciones éticas, las malas noticias son que seguimos sin disponer de una técnica fiable de clonación animal.

Sin embargo, no todo son malas noticias. Afortunadamente, la investigación científica casi siempre posee dos caras, una buena y otra mala. La cara buena de la noticia de la muerte súbita de los tres cerditos por paro cardiaco es que sugiere que en el proceso de la clonación por esta nueva técnica, algunos de los genes necesarios para el correcto funcionamiento del corazón fueron dañados. El estudio del genoma de estos animales puede, por consiguiente, revelarnos la naturaleza de alguno de estos genes, lo que puede ser importante para prevenir o curar enfermedades cardiacas en el ser humano. Esto es lo que se proponen ahora abordar estos investigadores, en colaboración con otros grupos de investigación. Esperemos que sus estudios tengan éxito. Quizá así, de los problemas de la clonación puedan surgir modelos animales de investigación que permitan descubrimientos de importancia médica y científica.

1 de septiembre de 2003

Nuevos Datos Sobre El Tabaquismo

La Comisión Europea parece decidida a endurecer la lucha contra el tabaco. Su propuesta más reciente es la de la guerra psicológica, cuya arma será la de incluir fotos de pacientes de cáncer de pulmón, o de los propios pulmones u otros órganos devastados por el cáncer causado por el tabaco. No sé si esta medida será más eficaz que las tomadas hasta ahora. Creo que para que lo sea, los fumadores deberán primero convencerse de que de verdad el tabaco es el causante del cáncer de pulmón que aparece en las fotos de las cajetillas. Sin embargo, no hay habilidad en la que el ser humano sea superior que en la de negar la evidencia de lo que no le interesa o no puede cambiar. A pesar de la enorme cantidad de estudios que demuestran sin ningún género de dudas que el tabaco causa cáncer de diversos tipos, muchos fumadores siguen pensando que eso, o es mentira, o a ellos no les va a tocar.

El problema es que es cierto que muchos fumadores no mueren de cáncer, ya que el tabaco ayuda a matarles de otra manera, como causándoles enfisema pulmonar o enfermedades cardiovasculares. Mientras tanto, otros que no han fumado en la vida pueden morir de cáncer de pulmón, o de otro tipo. Así que, los fumadores empedernidos se refugian en la ausencia de relación cien por cien directa entre fumar y morirse de cáncer.

En esta situación, sería interesante poder averiguar si un fumador determinado va a desarrollar cáncer o no. Al menos, saber si cuenta con más o menos probabilidades que otro fumador de desarrollarlo. Esto es lo que parecen haber conseguido unos investigadores del Instituto Weizmann, en Israel, quienes acaban de publicar estos resultados en la revista *Journal of The National Cancer Institute*.

Para entender en qué se basa el trabajo de estos investigadores, hay primero que entender cómo actúa el humo del tabaco para causar cáncer. El humo del tabaco contiene sustancias químicas oxidantes que son capaces de dañar el ADN de las células del pulmón. Los daños en el ADN, en ocasiones, suceden en genes que controlan el crecimiento celular. Estos pueden ser genes que funcionan activando el crecimiento, o genes que funcionan frenándolo. Si el daño en el ADN sucede en un gen que funciona activando el crecimiento celular, y este daño ha causado que el gen se ponga en marcha incontroladamente, entonces este gen va a causar un crecimiento desmesurado, lo que es característico del cáncer. Igualmente, si el daño sucede en un gen que frena el crecimiento celular, y este daño inutiliza dicho gen, también puede producirse un cáncer.

Muchos tal vez piensen que el daño en el ADN del pulmón de los fumadores sucede solo en raras ocasiones, no cada vez que se fuma. Sin embargo, esto no es ni mucho menos cierto. El daño en el ADN sucede casi cada vez que damos una calada a un cigarrillo. La razón por la cual fumar un solo cigarrillo no produce cáncer no es porque no cause daño. Puede ser que, por suerte, el daño no lo cause en un gen importante, con lo que no habrá cáncer, pero, sobre todo, fumar un solo cigarrillo no causa cáncer porque nuestras células poseen un sofisticado mecanismo de reparación del ADN dañado.

En este mecanismo actúan diversas enzimas que son capaces de revertir las modificaciones químicas causadas en el ADN por los agentes del tabaco. Estos enzimas, como todas las proteínas, están producidas por genes, y ya sabemos todos que no todos los genes son iguales, y que existen diversas variedades del mismo gen entre diferentes individuos. En este caso, las variedades de los genes que producen enzimas que reparan el ADN se traducen en la producción de enzimas que son más o menos eficaces en esa tarea. Por supuesto, si un fumador posee una variedad de ese enzima muy eficaz, reparará eficazmente el ADN dañado al fumar. Si, por el contrario, su variedad de enzima no es muy buena, no podrá reparar todos los daños y estos se irán acumulando hasta que al final el cáncer se desarrolle.

Los investigadores del Instituto Weizmann han estudiado la actividad del enzima 8-oxoguanina ADN N-glicosilasa, que repara los daños causados por oxidación, en 68 pacientes de cáncer de pulmón y en 68 individuos sanos, fumadores y no fumadores mezclados. Lo que han encontrado es que la actividad del enzima es menor en los individuos que han desarrollado cáncer de pulmón que en los que no lo han desarrollado. Así, parece que fumar y poseer una baja actividad de este enzima es como llevar un boleto ganador para que nos toque un cáncer bien desarrollado en un no muy lejano futuro. ¿Qué tipo de enzima posee usted, querido fumador? Hasta que no dispongamos de un test sanguíneo comercial no podrá saberlo. No obstante, no se preocupe, si deja de fumar hoy, no le hará falta saberlo nunca.

Sin embargo, la cuestión es ¿es usted capaz de dejar de fumar? ¿Cuántas veces lo ha intentado y no ha podido? Y si no es fumador ¿Cuántas veces ha intentado convencer a algún ser querido de que lo deje sin ser capaz de lograrlo por más tiempo que hasta su próximo cigarrillo?

Y es que en esto de dejar de fumar tampoco todos somos iguales. Un estudio reciente indica que una variante del enzima que metaboliza la nicotina puede ser la causante de que a algunos individuos les resulte muy difícil dejar de fumar. La facilidad con que la nicotina se metaboliza parece estar relacionada con la capacidad de esta droga para "enganchar" a quien la toma. Esta razón, de causas genéticas, hace muy difícil a algunos dejar de fumar, a menos que se disponga de una fuerza de voluntad mayor de lo normal.

Con estos datos, lo peor que le puede pasar a uno es que tenga enzimas ineficaces para reparar el ADN y para metabolizar la nicotina. En ese caso, se estará bien enganchado al tabaco y, además, no podrá reparar el daño que fumar causa al ADN. El cáncer estará, lamentablemente, asegurado.

15 de septiembre de 2003

Cefeidas

Hace ya más de un año, exactamente el 10 de junio de 2002, escribía un artículo dedicado a explicar las unidades de distancia en Astronomía. Al final de dicho artículo apuntaba que quizá volvería a hablar en el futuro de este tema. El futuro es ahora.

Decía en ese artículo que una de las unidades de distancia más comúnmente utilizadas en Astronomía es el pársec. Un pársec equivale a 3,26 años-luz, que como todos sabemos es la distancia que la luz recorre en un año. Muy bien, pero ¿por qué un pársec es 3,26 años luz, y no un número más conveniente?

Explicaba también en mi artículo anterior que el pársec es una medida del paralaje estelar y que el paralaje es el ángulo que un objeto cercano parece moverse con respecto al fondo lejano cuando lo contemplamos desde dos puntos de vista, es decir, desde dos posiciones diferentes. Podemos hacer la prueba de lo que digo estirando el brazo y poniendo un dedo en posición vertical (eviten utilizar el dedo corazón, seamos serios). Si guiñamos los ojos alternativamente, comprobaremos que la posición del dedo sobre la pared, o el horizonte cambia. Este cambio se puede medir en unidades angulares, grados minutos y segundos. Pues bien, ese ángulo es el paralaje.

Los astrónomos han utilizado el paralaje para determinar las distancias a las que se encuentran las estrellas más próximas a la Tierra. Estas variarán en su posición relativa con respecto a estrellas mucho más lejanas si las observamos desde posiciones diferentes. Sin embargo, incluso observando una estrella desde puntos máximamente alejados de la Tierra no es suficiente para conseguir un paralaje suficientemente grande para ser medido. Por esta razón, los astrónomos observan cómo la estrella cambia su posición sobre el fondo estelar más lejano desde posiciones diferentes de la órbita de la Tierra alrededor del Sol. En estas condiciones, los astrónomos han definido la unidad de paralaje como el pársec (paralaje-segundo), que es la distancia a la que una estrella tiene que estar de nosotros para que, observada desde dos puntos distantes 150.000.000 kilómetros, es decir, la distancia de la Tierra al Sol, su posición relativa varíe un segundo de grado sobre el fondo de estrellas más lejanas. Esta distancia corresponde a 3,26 años-luz.

Todo esto es muy conveniente para medir distancias de estrellas cercanas a la Tierra, pero ¿cómo podemos determinar la distancia de una estrella tan lejana que ni siquiera observada desde dos puntos máximamente distantes de la órbita de la Tierra muestre paralaje alguno? Se hacen aquí necesarios otros métodos, que a pesar de ser astronómicos, son muy sencillos de comprender.

Los astrónomos se dieron pronto cuenta de que las estrellas brillan. Se dieron incluso cuenta de que brillan con diferente intensidad, y las hay más o menos brillantes. Muy bien, pero una estrella muy brillante, ¿lo es porque está cerca, o lo es porque es más brillante que las demás? Si supiéramos la distancia a la que una estrella se encuentra, sabríamos si es o no brillante solo porque está cerca, o porque es realmente más brillante que las demás. Sin embargo, lo inverso es también cierto, si supiéramos la potencia luminosa de una estrella, por el brillo que nos muestra al observarla, podríamos saber si está cerca o lejos. Pensemos, si no. Estamos perdidos en el campo una noche sin luna. Tenemos hambre, frío, y llueve. De repente, vemos dos luces, ¿cuál está más cerca? Suponemos que la más brillante, pero no podemos saberlo, porque no sabemos la potencia de las bombillas. Si supiéramos que las dos bombillas son de la misma potencia, pongamos 60W, sabríamos inmediatamente por el brillo cuál de las dos es la que corresponde a la casa más cercana, pero sin esta información, no podemos saberlo.

Para los astrónomos, siempre perdidos en medio de la noche, sería estupendo saber cuál es la potencia luminosa de las estrellas que observan.

Si pudiéramos determinarla, se podría saber por su brillo a qué distancia están. Afortunadamente, el universo posee una clase de estrellas que permite averiguar su potencia luminosa. Se trata de estrellas denominadas Cefeidas, ya que la primera de ellas se descubrió en la constelación de Cefeo. Estas estrellas tienen la interesante propiedad de variar su brillo periódicamente. Así, una estrella cefeida aumenta de brillo y lo disminuye en un ciclo característico.

Lo interesante es que el periodo de cambio luminoso de las Cefeidas depende de lo brillantes que son. Las Cefeidas con un periodo de cambio de brillo largo son más brillantes como media que las que lo tienen corto. Así, sabiendo el punto máximo de brillo de una cefeida y su periodo, podemos saber su potencia luminosa en ese momento. Observando el brillo de la estrella desde la Tierra, podremos, pues, saber si la estrella se encuentra cerca o lejos. Todo lo que nos queda por hacer para saber la distancia a la que una cefeida se encuentra es comparar su brillo al telescopio con el de otra cefeida de igual periodo de la que hemos determinado su distancia por el método del paralaje. La diferencia entre sus brillos al telescopio nos permitirá determinar cuánto más lejos está una cefeida de la otra y, por tanto, la distancia a la que se encuentra. Los astrónomos han determinado por el método del paralaje con gran precisión las distancias y los periodos de un grupo de unas 21 Cefeidas en nuestra galaxia. Estas Cefeidas constituyen la escala con la que se determinan las distancias en el universo.

Estudiando las Cefeidas puede determinarse la distancia a la que se encuentran los objetos más complejos de los que forman parte. Por ejemplo, las estrellas pueden agruparse en cúmulos de miles de ellas. Si uno de esos cúmulos contiene una cefeida, podremos calcular su distancia y, con ello, la distancia de todo el cúmulo estelar del que forma parte.

La existencia de las Cefeidas es de gran importancia en Astronomía, ya que fue gracias al descubrimiento de una cefeida brillante en la galaxia de Andrómeda como el astrónomo Hubble pudo determinar al principio del siglo XX que ese objeto nebuloso era, en realidad, una galaxia similar a la nuestra que se encontraba a millones de años luz de distancia, y no una nebulosa en el interior de nuestra propia galaxia. La búsqueda y análisis de estrellas Cefeidas en el interior de otras galaxias es utilizada para determinar su distancia, y nos dice también que las estrellas de esas galaxias tan lejanas son similares a las de la nuestra. Quizá algunas contengan planetas con astrónomos que están ahora mismo estudiando las Cefeidas de nuestra galaxia. Nunca dejemos de soñar o imaginar.

22 de septiembre de 2003

JUSTICIA ADN

EL CASO DE Tony Alexander King y Dolores Vázquez vuelve a poner de actualidad las pruebas de ADN y su uso para averiguar de quién es el pelo, la colilla, el semen, o el rastro de sangre encontrado en un lugar del crimen; o de quién ese despojo mortal dejado en un vagón accidentado, como bien sabemos por tierras manchegas. La espectacularidad de los resultados obtenidos con estas pruebas parece cosa de magia. Sin embargo, como toda la magia, es cosa de ciencia, de tecnología y de ingenio humano.

A diferencia de la información sobre un buen truco, que los magos guardan a buen recaudo, la ciencia pone a disposición de todos la información y conocimiento necesarios para comprender sus maravillosos "trucos" tecnológicos. El problema es que muchas veces esta información es incomprensible para el común de los humanos. No obstante, es deber de los científicos intentar explicarla a todos, aunque sea también obligación de todos procurar adquirir los conocimientos básicos necesarios para comprenderla. Hoy, siempre contando con su ayuda, vamos a explicar el conocimiento básico necesario para comprender cómo es posible averiguar, analizando el ADN, si el resto de sangre pegado en un trozo de faro de automóvil y los restos de tejido labial pegados en una colilla corresponden o no al mismo individuo.

Para comprender esto, es necesario conocer varias cosas. La primera es que el ADN se compone de dos ristras muy largas, unidas entre sí en paralelo, formadas por cuatro moléculas enlazadas en largas cadenas. Las cuatro moléculas se representan por cuatro letras, A, T, C, G. El orden de esas cuatro moléculas en una cadena determina el orden de las de la segunda. Esto es así porque la A de una cadena se une a la T de la otra y la C de la una se une a la G de la otra. De este modo, si un trocito de una cadena de ADN tiene la secuencia ATCCGG, el trocito correspondiente de la otra cadena será TAGGCC. El genoma humano contiene unos tres mil millones de esas cuatro moléculas unidas, las cuales contienen las instrucciones necesarias para formar un organismo a partir de una sola célula fecundada, y no solo para formarlo sino para que ese organismo viva.

Lo segundo que tenemos que saber es que en cada una de nuestras células se encuentra una copia completa de nuestro genoma. Así, una sola célula de la piel, o un pelo, y no digamos ya una cierta cantidad de sangre o de semen, contienen todo el ADN del ser humano al que pertenecen.

En tercer lugar, necesitamos conocer que no todos los seres humanos somos iguales. No tenemos más que mirarnos a la cara para darnos cuenta de que podemos distinguirnos unos de otros. Sin embargo, además de los rostros, prácticamente no existen dos genomas idénticos entre todos los seres humanos del planeta, incluso entre hermanos gemelos. Así, si sabemos encontrar las diferencias entre esos genomas, como encontramos las diferencias entre los rostros, podremos identificar casi con toda seguridad al individuo a quien pertenece un genoma dejado descuidadamente en un cigarrillo o en la alfombrilla de un vehículo utilizado en un crimen.

¿En qué consisten las diferencias entre los genomas de los individuos? Para comprender esto mejor, supongamos que el genoma humano corresponde a un libro que contiene las instrucciones para fabricar a un ser humano. Este libro sería muy particular; veamos por qué. Supongamos que tenemos una edición del Quijote escrita de la misma manera que el genoma humano. Pues bien, en ese ejemplar, entre las palabras "En un lugar" y "de la Mancha", se encontrarían separándolas miles de letras y palabras sin sentido. Lo mismo sucedería con el resto de las frases de ese libro. Sería muy difícil para nosotros leerlo, extraerle el sentido. Sin embargo, la célula puede hacerlo con su genoma sin problemas.

Los científicos han descubierto que muchas de las regiones de letras sin sentido que se encuentran en el genoma humano son diferentes entre los individuos. Existe un gran número de esas regiones, de tal manera que cada individuo posee un conjunto particular de las mismas que separan a las regiones del genoma con sentido, es decir, a las regiones que contienen las instrucciones para construir un ser humano. Pues bien, la técnica de la identificación de individuos por el ADN consiste en analizar un determinado conjunto de esas regiones de ADN sin sentido que difieren entre los individuos. De esta manera, cuantas más regiones coincidan entre dos muestras de ADN determinadas, mayor será la probabilidad de que pertenezcan al mismo individuo. Esto es importante, porque no basta con analizar solo una región de ADN para estar seguros de que el ADN de dos o más muestras pertenece al mismo individuo, de la misma manera que para distinguir un rostro de otro no nos fijamos solo en la forma de la nariz, por ejemplo, sino en muchas más diferencias. Sin embargo, al igual que basta encontrar una diferencia entre dos rostros para averiguar que no corresponden a la misma persona, también basta con encontrar que tan solo una de las regiones de ADN difiere entre dos muestras para concluir que no corresponden al mismo individuo.

Hasta aquí la cosa está clara, espero. El problema que se presenta es cómo conseguir suficiente ADN de los restos de piel dejados sobre una colilla, o de un simple pelo. Para eso, existe una técnica, de la que quizá hayan oído hablar, que es la llamada "reacción en cadena de la polimerasa". No queda espacio aquí para explicar cómo funciona en detalle, pero sepa usted que con ella de solo una molécula de ADN pueden fabricarse millones, idénticas a la primera, en un tubo de ensayo. Esta técnica, pues, es capaz de fabricar muchísimas moléculas de ADN pertenecientes a un individuo a partir de una primera, la encontrada en la colilla, el pelo, o la sangre. Así, podremos disponer de una cantidad de moléculas de ADN suficientes para el análisis de las regiones que pueden ser diferentes entre dos muestras.

Estas técnicas aportan una dimensión diferente al efecto de la ciencia en la vida cotidiana. Si no, pregúntenselo ustedes a Dolores Vázquez, acusada por error, nada menos que de asesinato. Todos podemos un día ser injustamente acusados, y todos desearíamos que la ciencia nos sacara de semejante aprieto. Si la ciencia ha aportado enormes beneficios materiales a la Humanidad, no son menos los beneficios morales. Hacer justicia, y hacerla bien, es un gran beneficio social, además de que es también la ciencia la que nos ha hecho más capaces para el razonamiento crítico; en definitiva, más libres.

29 de septiembre de 2003

¿Por Qué Se Rompen Las Galletas?

Por esta época del año se otorgan los premios Nobel. Mientras estamos a la espera de averiguar quiénes son los ilustres científicos que los han ganado este año, una organización paralela otorga también por estas fechas los premios InNobel. Estos premios se otorgan a trabajos de investigación publicados en revistas científicas especializadas, pero que, por su originalidad extraordinaria, jamás ganarían el premio Nobel.

Este año, uno de los premios InNobel ha sido otorgado a un grupo de investigadores suecos, quienes han demostrado que a los gallos también les gustan más las mujeres guapas. Los investigadores entrenaron a gallos a diferenciar entre rostros de hombre y rostros de mujer. Una vez entrenados, los gallos mostraron preferencias por rostros de mujer de manera casi idéntica a las preferencias mostradas por los estudiantes universitarios suecos. Varias son las conclusiones que se derivan de este estudio, publicado en la revista *Human Nature*. Una es que el cerebro de los gallos tiene un cableado neuronal similar al de los estudiantes suecos en lo que a preferencias sexuales se refiere. Otra es que quizá los pollos confunden a las mujeres guapas con gallinas, vaya usted a saber por qué. De lo que no hay duda es de que estos resultados amenazan con montar un buen pollo.

El premio InNobel de física ha sido otorgado a un estudio en el que se pretendía averiguar qué tipo de suelo es el mejor para arrastrar una oveja antes de trasquilarla. Los trasquiladores de ovejas pueden desarrollar serias molestias de espalda al arrastrar a los animales por superficies inadecuadas. Es un problema serio. Un equipo de investigadores australianos ha probado científicamente que el menor índice de rozamiento para arrastrar a las ovejas corresponde a superficies de madera pulida. Esta era, pues, la madre del cordero. Estos resultados han sido publicados en la revista *Applied Ergonomics*.

El premio InNobel de medicina es mucho más serio y ha correspondido a un equipo de neurocientíficos británicos que descubrieron que el cerebro de los taxistas londinenses se modificaba a medida que estos iban aprendiendo calles y atajos de esa ciudad. Este estudio, publicado en la prestigiosa revista *Proceedings of the National Academy of Sciences* de los EE.UU., demuestra que el aprendizaje de algo tan aparentemente baladí como moverse por las calles de una ciudad causa modificaciones de las conexiones neuronales en diversas áreas del cerebro involucradas con el procesado de la información espacial. Además, estos hallazgos pueden ayudar a desarrollar programas de rehabilitación o de prevención de enfermedades como el Alzheimer.

Un candidato al premio Innoble del próximo año es un estudio realizado por un equipo de investigadores británicos de la universidad de Loughborough. Este equipo ha descubierto por qué las galletas se rompen tan fácilmente, lo que tantas molestias causa a los británicos a la hora de tomar el té. Sus resultados han sido publicados por la revista *Measurement Science and Technology*.

La manera en que este crucial descubrimiento culinario se ha producido merece un tratamiento más detallado. Les aseguro que a pesar de lo jocoso del tema, es ciencia seria. La perspicaz capacidad observadora de los investigadores les permitió percatarse de que las galletas se enfrían al salir del horno. Una vez realizada esta crucial observación, los investigadores se dieron cuenta también de que este enfriamiento no se produce por igual en todas las partes de la galleta. La superficie de la galleta, al estar en contacto con el aire, se enfría antes, y la parte interior se enfría más despacio. Esto causa que, al contraerse de manera desigual debido a ese enfriamiento asimétrico, se produzcan grietas en la superficie e interior de la galleta que las convierten en frágiles, lo que dificulta su proceso de empaquetado y transporte.

Para estudiar el desarrollo de las grietas con más profundidad, los investigadores utilizaron una técnica de interferometría por láser. No es broma. No soy experto en estas cosas, pero la técnica funciona más o menos como sigue. Imaginemos un espejo del que queremos saber si tiene alguna raya o imperfección en su superficie, por pequeña que sea. Para ello, podemos utilizar también un rayo de luz láser muy fino que vamos moviendo a velocidad constante por la superficie del espejo. Si el espejo tuviera una superficie inmaculada, el rayo láser se reflejaría perfectamente sobre todos los puntos de la misma. Sin embargo, al encontrar una raya o imperfección, el láser ya no se reflejará bien y su luz se dispersará. Determinando, con detectores adecuados, cuántas de esas reflexiones anómalas se producen, podremos determinar el grado de perfección de la superficie de espejo.

Algo similar han realizado los investigadores con las galletas. Por supuesto, la superficie de la galleta no permite una perfecta reflexión del rayo láser, y la luz de este, al incidir sobre la superficie de la galleta, se dispersa. Sin embargo, esta dispersión de luz depende de la homogeneidad de la superficie de la galleta, y si se desarrollan cambios o grietas en ella, el rayo láser lo detectará, como lo detectaría en la superficie del espejo.

Lo que los investigadores encontraron es que a medida que una galleta se va enfriando, recoge humedad del ambiente en su superficie, lo cual causa que la galleta de hinche en la zona más superficial. Al mismo tiempo, la parte interior de la galleta, más caliente, pierde humedad también hacia las zonas más frías del exterior. Esto causa que el centro de la galleta se contraiga, mientras el exterior se expande, lo que causa tensiones en la estructura de la galleta que tienden a separar su centro de su periferia. Estas tensiones se traducen en la aparición de grietas que, al menor golpe, pueden causar que la galleta se rompa. De ahí la dificultad de los fabricantes para empaquetar galletas enteras. Los fabricantes intentan eliminar las galletas rotas o a punto de romperse antes de que acaben dentro del paquete, pero no lo consiguen en todos los casos. ¿Quién no ha comprado nunca un paquete de galletas que no tuviera una o dos rotas?

Las cosas pueden cambiar pronto debido a este descubrimiento. Conocer mejor el proceso físico que genera tensiones en las galletas y las hace frágiles puede ayudar a controlar el proceso de enfriamiento para intentar conseguir que las grietas se desarrollen lo menos posible. Por ejemplo, se podrían controlar las condiciones de humedad y de temperatura del enfriamiento de las galletas para conseguir las más adecuadas para impedir el desarrollo de grietas. Es el siguiente paso, que permitirá mejorar la tecnología de fabricación de galletas. Como siempre, la ciencia conoce primero, y la tecnología hace después. Espero que reflexione sobre esto la próxima vez que tome el café con pastas con sus amigas.

6 de octubre de 2003

Secretos De La Felicidad

Algunos aún piensan que la ciencia se ocupa de comprender los aspectos materiales del universo, pero no puede abarcar aspectos supuestamente inmateriales. Sin embargo, la ciencia también aborda el estudio de materias que hace unos años parecían fuera de su alcance y del método científico.

Uno de los temas objeto hoy de estudios científicos es la felicidad humana. Y pocas cosas son tan merecedoras de estudios para mejorarla como esta. ¿Qué hace felices a los seres humanos? ¿Cómo podemos mejorar su bienestar? Aquí, las buenas intenciones son loables, pero sería mejor que, como con todo, dispusiéramos de datos fiables antes de iniciar acciones que pueden conducirnos a lo opuesto de lo que pretendemos.

Para abordar el estudio de la felicidad de una manera científica, es necesario primero definirla. Siendo esta una sensación subjetiva, no queda más remedio que definirla como aquel estado de cosas que hace que una persona determinada se encuentre bien consigo misma y contenta de vivir.

Como en todo estudio científico, uno puede realizar observaciones en grupos de personas y emitir hipótesis sobre los factores que más afectan a la felicidad. Una teoría actual mantiene que la felicidad depende muy poco de factores externos a las personas, y depende, sobre todo, de factores genéticos y de la personalidad de cada cual, es decir, según esta teoría, a pesar de lo que nos quejamos todos, importan poco los avatares de la vida. Perder el trabajo, perder a un ser querido o ganar millones en la lotería, no causan un impacto duradero en el nivel de felicidad. La felicidad sería como un muelle que cada uno mantiene más o menos alargado. El muelle puede encogerse o estirarse por los acontecimientos de la vida, pero, al poco, vuelve a su posición original.

De ser cierta, esta teoría tendría importantes implicaciones en la política social. Si el objetivo fundamental de la acción pública es conseguir el bienestar y la felicidad del mayor número de personas posible, de poco valdría esta acción para conseguirlo. De hecho, muchos políticos deben de tener por cierta esta teoría, a juzgar por la inutilidad, como mal menor, de algunas de sus acciones. Por otra parte, a lo más que podríamos aspirar seria, no a un estado de bienestar, sino a uno de "muchotener", que no nos haría felices, claro está. Además, de ser esto así, lo mejor que podría hacer cada cual es conformarse con el nivel de felicidad que le ha tocado en suerte, condicionado sobre todo por los genes que haya heredado de sus padres. Quejarse de nada valdría, como tampoco valdría luchar por mejorar nuestra condición.

Dirán ustedes que lo anterior no puede ser cierto. Si bien es indudable que los genes y la personalidad poseen un efecto sobre el nivel de felicidad de cada uno, no todo está en los genes, al menos no para todo el mundo. En este sentido, otra teoría sostiene que el nivel de riqueza de las personas es lo que más determina su nivel de felicidad. Es bien sabido que las mujeres se van de compras para animarse y que los hombres se ponen como motos al comprarse el coche que desean.

Los estudios realizados con numerosos grupos de personas, de los que se publica recientemente un sumario en la revista *Proceedings* de la Academia de Ciencias estadounidense, indican que ni genes ni dinero influyen tanto en el nivel de felicidad como algunos suponen. Por ejemplo, estudios realizados durante las últimas tres décadas indican que uno de los mayores condicionantes para un estado de felicidad es la salud. Se ha comprobado que las personas que a sí mismas se atribuyen un peor estado de salud también se atribuyen menor nivel de felicidad que las personas que se consideran sanas. Esta relación se mantiene independientemente de otros factores, en particular del económico.

Otros estudios demuestran que factores con gran influencia en el nivel de felicidad que cada uno se atribuye son el matrimonio, el divorcio y la viudedad. Contra lo que pudiera parecer, por lo que oímos hablar a hombres y mujeres, las personas casadas se atribuyen un mayor nivel de felicidad que las solteras y que las viudas. Las personas separadas que no han podido casarse, o establecer otra pareja de nuevo, se atribuyen niveles significativamente inferiores de felicidad que aquellas que han iniciado una convivencia con otra persona tras la separación. Además, estos estudios indican que la felicidad no declina con la duración del matrimonio, contradiciendo también lo que quizá sea un mito muy extendido.

Por otra parte, los estudios encaminados a demostrar científicamente si el dinero da la felicidad parecen indicar que, en efecto, no la da. Aunque aquellos con mejores salarios parecen ser más felices que los que no llegan a fin de mes, el incremento en el nivel de felicidad no es proporcional al nivel de ingresos. Esto parece ser debido, según indican estos estudios, a que, independientemente de los ingresos, los objetivos materiales que pretendemos alcanzar son siempre superiores a lo que podemos comprar. No nos conformamos con lo que tenemos, lo que quizá nos estimula a encontrar mejor trabajo o a superarnos, pero al mismo tiempo, si lo logramos, nos sirve para alejar el objetivo que nos permitiría ser felices, que nos empeñamos en situar siempre algo más allá de nuestro alcance.

Si debe desprenderse una conclusión de estos estudios, esta es que sería mejor que dedicáramos más tiempo a conseguir aquello que más probabilidades tenga de hacernos felices, y esto parece ser mucho más la salud y la vida familiar que ganar más dinero, con lo que nunca parece estamos contentos. Sin embargo, nos empeñamos, en esta sociedad occidental, en lo contrario, y sacrificamos salud y familia en aras del trabajo y del dinero. Por otra parte, la acción pública y política mantiene que persigue conseguir un estado de bienestar. Según estos estudios, para lograrlo, quizá sea mejor dedicar recursos a la salud y disminuir la jornada laboral aun a expensas de reducciones de salarios y productividad, que aumentar precisamente los salarios a costa de incrementos cada vez mayores de productividad y de jornadas de trabajo, las cuales suelen ser más largas de lo establecido por la ley y que, poco a poco, acaban con nuestra salud y con nuestra felicidad. Ustedes mismos.

20 de octubre de 2003

Riesgo Genético De Cáncer De Mama

Una de las promesas de la medicina moderna es llevar a la práctica clínica los nuevos descubrimientos que se realizan en el campo de la genómica, proteómica, transcriptómica y otras "ómicas". Es lo que podríamos llamar la clinómica, para inventarnos desde estas páginas una nueva disciplina científica y médica que aún no he visto en las publicaciones especializadas (lo que no quiere decir que a otro no se le haya ocurrido ya la palabreja).

Sin embargo, en algunas ocasiones, nuevos descubrimientos de biología molecular y genética tienen un impacto casi inmediato en la práctica clínica, si no en la puesta en marcha de nuevos medicamentos, sí en proporcionar información que debe ser tenida en cuenta a la hora de tomar decisiones sobre el tratamiento o la prevención de enfermedades. Un ejemplo de esta situación la tenemos en los genes BRCA1 y BRCA2, asociados al desarrollo temprano del cáncer de mama. Mutaciones en estos dos genes incrementan sustancialmente el riesgo de padecer un cáncer de mama o de ovario. Este nuevo conocimiento permite, a su vez, que se tengan en cuenta posibilidades médicas que antes era imposible considerar. Por ejemplo, ¿es adecuado y beneficioso efectuar cirugía preventiva, extirpando las glándulas mamarias o los ovarios de las mujeres con mutaciones en uno o ambos de dichos genes?

La extirpación de mamas y ovarios ha sido ya efectuada de modo preventivo en numerosas mujeres con mutaciones en estos genes. El seguimiento de las pacientes ha dejado claro que la cirugía reduce significativamente el riesgo de que desarrollen un cáncer. Sin embargo, es también evidente que esta drástica cirugía puede acarrear otros problemas, como la menopausia temprana o desarreglos hormonales, que pueden impactar significativamente en la calidad de vida.

Por estas razones, para poder tomar mejores decisiones clínicas, se hacen necesarios estudios que determinen con la mayor precisión posible el riesgo de que una mujer con mutaciones en los genes BRCA1 o BRCA2 desarrolle cáncer de mama a lo largo de su vida. Si el riesgo fuera no muy alto, quizá una actuación tan drástica como la quirúrgica no fuera recomendable. Por otro lado, si el riesgo es muy elevado, entonces quizá la cirugía sea la mejor opción, puesto que un seguimiento frecuente de las pacientes con riesgo resultaría difícil de efectuar. Además, no garantizaría que se detectara el cáncer en sus estadios tempranos en cada uno de los casos, condición muy importante si queremos tener mayores probabilidades de curarlo.

Evaluar con precisión el riesgo de padecer un cáncer a lo largo de la vida no es tarea fácil, porque se hace necesario estudiar a un número muy elevado de mujeres. Sin embargo, un estudio reciente publicado en la revista *Science* parece haberlo conseguido. Los investigadores estudiaron 1.008 casos de cáncer de mama y analizaron cuántos de estos tenían mutaciones en los genes BRCA. Los datos obtenidos por estos investigadores indican que una mujer portadora de mutaciones en los genes BRCA que alcance los 80 años de vida tendría un riesgo del 82% de sufrir un cáncer de mama y un 54% o un 23% de desarrollar cáncer de ovario para las mutantes en BRCA1 o en BRCA2, respectivamente, es decir, de 100 mujeres con mutaciones en esos genes, 82 desarrollarían cáncer de mama y 18 no lo harían. Además, si se es portadora de una mutación en BRCA1, 54 de esas mujeres desarrollaran cáncer de ovarios, por lo que un número significativo desarrollará los dos tipos de tumores a lo largo de su vida. Son malas noticias.

Sin embargo, como todo conocimiento nuevo, este posee también su parte positiva. Al fin y al cabo, no todas las mujeres con mutaciones en ambos genes desarrollan un cáncer de mama. Un 18% no lo hacen y cabe preguntarse por qué. El mismo estudio provee una respuesta parcial, ya que evalúa el riesgo de padecer cáncer de mama para mujeres nacidas antes o después de 1940. Los resultados no dejan lugar a dudas, y las mujeres nacidas después de dicho año han duplicado el riesgo de padecer cáncer de mama a lo largo de solo los primeros 60 años de sus vidas. Como la proporción de mutaciones en los genes BRCA1 y BRCA2 es similar en ambos casos, la razón del incremento del riesgo de cáncer debe depender de cambios en el estilo de vida, posiblemente de cambios en la alimentación, del aumento del estrés y del consumo de tabaco, por mencionar solo unas cuantas de las muchas posibilidades.

Por consiguiente, estos estudios abren, como no, la puerta a otros que pueden sernos de enorme ayuda a la hora de prevenir el cáncer de mama, no ya en portadoras de mutaciones, sino también en la población femenina en general. Por ejemplo, analizando el estilo de vida de las portadoras de mutaciones en BRCA1 y BRCA2 que no han desarrollado cáncer de mama a una avanzada edad puede proporcionarnos información valiosísima sobre qué hacer para evitar el desarrollo del cáncer.

Desde un punto de vista más científico, el descubrimiento de genes que mutados producen determinados tipos de cáncer deja en suspenso la pregunta de por qué, si todas las células del cuerpo poseen la mutación en dichos genes, solo se desarrollan tumores en ciertos tejidos y no en otros. Parte de la respuesta puede residir en que los genes mutantes interaccionan con otros genes que se encuentran funcionando solo en cierto tipo de células, pero no en todas. El descubrimiento de dichos genes abrirá sin duda nuevas puertas para la detección, el tratamiento y la curación del cáncer.

Por supuesto, el problema es también ético y económico, incluso psicológico. Suponga que su madre y su hermana han sido diagnosticadas con cáncer de mama y ambas tienen una mutación en BRCA1 ¿Querría usted saber si es también portadora de la misma mutación, y si, por consiguiente, el riesgo de que desarrolle un cáncer es elevado? ¿Qué decisiones clínicas deben tomarse con la población de mujeres portadoras de mutaciones que sean de mayor eficacia para la salud pública? Estas y otras muchas cuestiones son difíciles de resolver; sin embargo, somos afortunados de vivir en una época en la que, gracias a la investigación científica, es posible considerarlas, y posible resolverlas.

27 de octubre de 2003

CRIATURAS GRANDES Y PEQUEÑAS

ANTES DE LOS grandes biólogos Darwin y Wallace, acreditados con el descubrimiento de la evolución de las especies, era aceptado por todo el mundo que las criaturas del mismo habían sido creadas por Dios durante uno de los seis días de la creación. Los seres vivos habían sido creados instantáneamente con sus características que les son propias, voladores, nadadores, andadores, reptiles, grandes y pequeños.

El descubrimiento de la evolución de las especies dio abajo con semejante idea. Hoy sabemos que todos los seres vivos que pueblan la Tierra han evolucionado y se han diversificado a partir de un ancestro común, un primer organismo que surgió de la evolución química de la Tierra primitiva y que adquirió las características de la vida. La evolución explica la diversidad de organismos que existen, pero por la misma razón, debería ayudarnos a explicar algunas de las características propias de esos organismos, en particular las diferencias notables de tamaño entre unos y otros.

Cuando niño, disfrutaba con esas películas donde aparecían gigantescos insectos, o en las que los protagonistas se hacían tan pequeños como motas de polvo para viajar por el interior del cuerpo humano. Y no olvidemos la excelente película producida en 1957, "El increíble hombre menguante", en la que el protagonista, Grant Williams, va empequeñeciendo hasta hacerse del tamaño de una hormiga y tiene que defender su vida del ataque de una araña. ¿Puede ser esto posible? ¿Podrían los insectos hacerse como elefantes y nosotros como insectos? Sin llegar tan lejos, ¿por qué existen seres enormes como las ballenas y seres enanos como los mosquitos? La respuesta a esta pregunta tiene que ser compatible con la evolución y también con las leyes de la física y de la química que rigen el universo.

No vamos a analizar aquí cómo se ha producido la evolución, por qué existe el número de tipos diferentes de seres vivos que pueblan el planeta, insectos, mamíferos, plantas, aves, etc., y por qué son esos y no otros los seres vivos que nos acompañan sobre la Tierra. Lo que sí sabemos es que una vez un tipo de organismo se ha adaptado a un nicho o a un tipo de vida, es decir, una vez un organismo se convirtió en un insecto, un ave o un mamífero, utilizó determinadas soluciones para resolver los problemas de la vida cotidiana. Así, utilizó una determinada manera de alimentarse, de respirar, de desplazarse. Esto, junto con las leyes de la física y de la química, determinan que cada tipo de animal tenga unos límites superior e inferior de talla determinados. Por eso los insectos no pueden ser ni más grandes ni más pequeños de lo que son, dentro de la variación de talla que manifiestan desde el escarabajo Goliat hasta la pulga.

Para entender esto mejor, pongamos varios ejemplos. Los insectos han adquirido una manera de respirar diferente a la de los mamíferos. En lugar de utilizar células transportadoras de oxígeno, como los glóbulos rojos, los insectos no utilizan célula transportadora alguna. Tienen sus cuerpos perforados por microtubos que permiten al oxígeno penetrar en sus cuerpos y difundir a las células. En estas condiciones, la talla del insecto no puede ser mayor de la que permita una adecuada difusión del oxígeno a todas sus células. Es evidente que cuanto más largo sea el microtubo, menos oxígeno irá llegando hasta el final del mismo, puesto que este es absorbido por las células que lo rodean desde la superficie del cuerpo del insecto. Tallas grandes forzarían que los microtubos fueran más largos de lo que es conveniente para una adecuada difusión del oxígeno, lo cual impone un límite superior a la talla del insecto. Por supuesto, además de este factor, en los insectos voladores, la aerodinámica del vuelo impone a su vez otros límites a la talla.

La aerodinámica y resistencia muscular y esquelética impone también un límite de talla superior a las aves, que no pueden ser mucho mayores de su representante volador de mayor tamaño, el cóndor. Y si hay aves mayores, como el avestruz, es porque no pueden volar. La talla inferior de las aves voladoras también viene impuesta por límites fisiológicos del vuelo. Por otra parte, cuanto menor es el ave, mayor debe ser la frecuencia de su batir de alas para mantenerla en vuelo. Esta rapidez depende de la contracción muscular, que puede llegar solo a una determinada frecuencia debido a ciertos factores limitantes que sería muy largo explicar aquí. El límite de talla inferior se ha alcanzado ya y los colibrís son las aves voladoras menores que la evolución puede producir. Si se generaran aves menores, no podrían volar, al no poder batir las alas suficientemente rápido.

Por último, los mamíferos también tenemos nuestros límites inferior y superior de talla, que, al igual que los insectos, viene impuesto por la manera en que esta clase de animales ha resuelto el problema de la respiración, mediante el transporte del oxígeno en el flujo sanguíneo bombeado por el corazón. Cuanto menor es el tamaño del animal, menor es su corazón, y menor la fuerza que puede hacer para bombear la sangre. Al mismo tiempo, cuanto más estrechos son los vasos sanguíneos, más trabajo cuesta hacer circular por ellos la sangre. En mamíferos pequeños, los vasos sanguíneos son muy estrechos casi desde la salida del corazón y este tiene que latir a tremenda velocidad para mover por ellos la sangre. Un tamaño menor que un cierto límite haría imposible el trabajo del corazón. Este límite parece ser la talla del menor de los mamíferos, la musaraña, que pesa solo tres gramos.

El límite superior de la talla de los mamíferos también viene impuesto por los límites del transporte del oxígeno. Por razones físicas, cuando el peso del animal se incrementa, el número de capilares sanguíneos para transportar el oxígeno solo lo hace de acuerdo a un incremento de los tres cuartos del peso, es decir, a partir de un determinado peso, el animal no dispondrá de suficientes capilares para llevar oxígeno a todas sus células. Cálculos teóricos indican que ese límite superior se sitúa en unas diez millones de veces el peso del menor de los mamíferos, es decir, unas 30 toneladas, que es precisamente el peso de la ballena azul adulta, el mayor animal que ha existido jamás y, de acuerdo con esto, el mayor que jamás existirá.

Así, vemos cómo la ciencia aporta un sentido nuevo al mundo en que vivimos, que no es en nada caprichoso, sino que puede ser explicado por el conocimiento de las leyes y los mecanismos de funcionamiento de la Naturaleza. No sé a ustedes, pero a mí esto me proporciona una sensación de tranquilidad. Después de todo, aunque nos empeñemos en lo contrario, el mundo también debe tener límites a la locura en la que algunos se empeñan en sumirlo. Esperemos que esos límites no estén ya demasiado lejos o incluso los hayamos alcanzado ya.

3 de noviembre de 2003

CLONACIÓN Y ÉTICA

IMAGINEMOS QUE LOS Testigos de Jehová se convierten en la religión mayoritaria en Europa. ¿Por qué no? Al fin y al cabo el catolicismo, partiendo de muy pocos fieles, lo consiguió. Se promulgan leyes para impedir la transfusión sanguínea, por ser esta contraria a la única ética y únicos valores morales racionales y verdaderos, que solo los Testigos poseen. Tras un accidente de tráfico, un familiar suyo, o usted mismo, muere desangrado, cuando podría haber sido salvado. Esta nueva ética social abandona a los accidentados a su suerte y no les proporciona la terapia necesaria para salvarles la vida, por consistir aquella en un pecado innombrable contra Dios.

Imaginemos ahora que usted, ciudadano, padre, madre, hijo o hija ejemplar, sufre una enfermedad degenerativa hepática. Si no se encuentra en menos de tres meses un donante adecuado para un trasplante, morirá. Sin embargo, en realidad, no hace falta encontrar un donante. Recientes avances permiten utilizar células de su piel, clonarlas y generar así un embrión que, debidamente manipulado, en unos días generará células de hígado totalmente compatibles con las suyas, ya que son las suyas, capaces de regenerarle las funciones hepáticas a la perfección. El problema es que este procedimiento ha sido declarado ilegal, porque es contrario a la única ética y únicos valores racionales y verdaderos de la mayoría ahora en el poder. El empleo de esa tecnología constituye un pecado innombrable contra Dios.

Las dos situaciones esbozadas más arriba pueden parecer idénticas o, por el contrario, muy diferentes según las creencias de cada cual. Sin embargo, creo que, en el primer caso, la mayoría pensará que, evidentemente, prohibir el uso de una "simple" transfusión sanguínea para salvar la vida de alguien herido es inadmisible, aunque así lo haya establecido una mayoría "democrática". En el segundo caso, en cambio, el uso de un embrión, de un ser humano en potencia, cuya vida debe respetada y defendida, crea un problema ético de naturaleza diferente, razón por la cual la mayoría "democrática" está, evidentemente, legitimada para impedir el uso de esa tecnología, condenándole a usted así a una muerte temprana.

El dilema ético planteado por el uso de embriones, clonados o no, con fines terapéuticos está de actualidad. Las Naciones Unidas acaban de votar a favor de una moratoria de dos años para resolver el problema de la clonación humana. En el fondo de este dilema, en mi opinión, subyace una cuestión que casi nadie se atreve a plantear: ¿qué es un ser humano?

Creo que pueden identificarse dos clases principales de respuestas para esta pregunta: la dada por los dualistas, aún abrumadora mayoría, que consideran que el ser humano es materia y espíritu, cuerpo y alma, y la dada por los que consideran que el ser humano es solo materia y que su humanidad surge de la adecuada organización e interacción de las células de su cuerpo y, sobre todo, de su cerebro. Para estos últimos, una minoría, el alma no existe; lo humano depende exclusivamente del desarrollo corporal y cerebral.

Muchas de las personas que abrazan la primera postura suelen tender a pensar que la vida humana comienza en el momento de la fecundación. Esa célula posee ya un alma humana y, por consiguiente, está dotada de consciencia, de inteligencia y de voluntad, aunque no lo pueda manifestar. Acabar con su vida es un asesinato. Usarla como medio para los fines de otro es éticamente inadmisible, como el filósofo Kant ya dejó claro hace más de dos siglos.

Muchas de las personas que se identifican con la segunda postura piensan que la vida humana solo comienza cuando se han generado los órganos y tejidos, las conexiones sinápticas, etc., que confieren al ser humano sus facultades. No se conoce con exactitud en qué momento la vida humana se enciende, pero es seguro que posiblemente no es antes de los tres meses de vida intrauterina, y en ningún caso antes de un mes. Así, el empleo de un embrión humano de corta edad sería equivalente al uso de un grupo de células, de materia sin conciencia, sin emociones, sin sentimientos ni inteligencia, y no constituiría el uso de una persona en beneficio de otra, puesto que la persona no existiría aún.

Faltos de una demostración científica inapelable sobre si el ser humano es una cosa u otra, creo que es más democrático respetar las creencias de las minorías en este aspecto. Sería así adecuado establecer un punto, quizá dos o tres meses de vida intrauterina, o lo que sea que la ciencia pueda decirnos sobre el inicio de algo similar a la consciencia. Este límite puede ser similar al establecido para permitir el aborto, por ejemplo. A partir de ese momento, el empleo de un embrión con cualquier fin sería inadmisible, ya que el ser humano es un fin en sí mismo, y nunca un medio para los fines de los demás, idea que muchos líderes y cargos aparentemente democráticos deben aún aprender a respetar. No obstante, antes de alcanzar ese punto del desarrollo embrionario, nos encontramos en una zona gris, en la que cada uno tiene derecho a pensar y creer lo que más le convenga sobre lo que es el ser humano, basado en la evidencia, en su conciencia o en lo que considere más apropiado basarse. No sería democrático forzar a todos a creer y pensar de igual manera, sobre todo en cuanto a creencias religiosas se refiere. Si viviera en una sociedad en la que los testigos de Jehová fuesen mayoría, estoy seguro que apreciaría que se respetaran las creencias de las minorías. Eso podría salvarle la vida en caso de accidente.

Así, en el caso de la clonación terapéutica, debería respetarse un verdadero espíritu democrático que, debo decir, en España aún estamos aprendiendo cuando nos dejan. En este sentido, al igual que la legalización del aborto, la autorización del empleo de la clonación con fines terapéuticos no obliga a nadie a su utilización. Su prohibición, por el contrario, corta de raíz las esperanzas de muchos de que se desarrollen nuevas terapias, muchos quienes no ven un problema moral en usar lo que ellos consideran no es un ser humano para salvar una vida que, por cierto, sí es indudablemente completamente humana: la suya.

Las Naciones Unidas deberán tomar una postura a este respecto en dos años. En este sentido, cabe preguntarse ¿qué derecho tiene una mayoría a imponer a todos una manera de creer y de pensar sobre el ser humano, sobre nosotros mismos? ¿Qué derecho tiene a sentenciar a muchos, quizá incluso a usted en el futuro, a una muerte temprana que podría evitarse con el desarrollo y el empleo de una tecnología que, como la transfusión sanguínea, condenada por las respetables creencias de otros, puede igualmente salvarnos? ¿Es eso ético?

Esperemos, con escepticismo sano, tal y como van las cosas, que la cordura se imponga al fin en este tema y que, por una vez, Iglesia y Estados, religión y política, estén verdaderamente separados en este asunto, aunque solo sea porque se trata de un cuestión de vida y muerte, sin exagerar un ápice.

10 de noviembre de 2003

Juventud, De Vino Tesoro

El deseo de la inmortalidad es tan viejo como la aparición de la conciencia humana. Desde que ha sido consciente de su propia muerte, el ser humano ha deseado evitarla o, si no, retrasarla lo más posible. El primer paso para evitar esta realidad ha sido negarla. Muchos creen que muere solo el cuerpo, pero no el alma. La muerte no existe. Somos eternos.

Otros, en cambio, no están tan seguros de que las cosas sean tan bonitas y han intentado encontrar la solución a la mortalidad en esta vida, y no esperar a una hipotética vida futura. Así, surge el mito de la fuente de la eterna juventud. El explorador Ponce de León, hace 500 años, tuvo la fortuna de descubrir Florida, paradójicamente hoy tierra de sexagenarios retirados, y beber de muchos de sus manantiales y ríos, en la búsqueda de dicha fuente. No la encontró, y el pobre está bien muerto, pero durante su vida fue sin duda el primer defensor del consumo de agua mineral, a pesar de que tuvo la enorme fortuna de no tener que beber nunca agua del grifo.

Un mucho más reciente mecanismo de lucha contra la muerte es utilizar el método científico para intentar comprenderla en tanto que proceso biológico y, una vez comprendido este, intentar manipularlo para detenerlo o retrasarlo. Esta estrategia para alcanzar la inmortalidad es la que más éxito puede tener, a juzgar por las hazañas científico-tecnológicas conseguidas hasta la fecha.

Así, los científicos se han puesto manos a la obra para comprender por qué unos organismos viven más que otros y por qué en general, hierba mala nunca muere, y fastidia a quien quiere. Entre los descubrimientos que parecen establecidos hoy en día se encuentra el hecho de que una restricción de las calorías de la dieta aumenta la longevidad de organismos de laboratorio tan alejados como la levadura y el ratón.

Sin embargo, en una sociedad de consumo desenfrenado, es muy improbable que la gente voluntariamente decida pasar hambre para vivir más. Sería como ese chiste en el que uno le dice a otro que ni coma mucho, ni beba, ni fume ni tenga relaciones sexuales. "Quizás no vivirás más, le dice, pero seguro que la vida se te hace más larga".

Lo ideal, en estas circunstancias, sería desarrollar la píldora de la juventud, que también sería la de la dieta ideal, una píldora que contuviera un fármaco que nos permitiera comer lo que quisiéramos, pero que actuara engañando al cuerpo y haciéndole creer que está haciendo dieta cuando en realidad no es así. La medicina no está en ese punto aún, pero bien es verdad que puede estarlo si las investigaciones en curso tienen éxito.

La pregunta clave que hay que responder es ¿qué sucede en las células para que la restricción de las calorías de la dieta alargue la vida de los organismos? La respuesta a esta pregunta ha empezado a conseguirse recientemente, gracias a estudios llevados a cabo en organismos simples, como la levadura. En este organismo, se ha descubierto muy recientemente que la restricción calórica solo alarga la vida si el genoma del organismo contiene un enzima llamado Sir2, producido por el gen correspondiente. Un enzima es una proteína que acelera una determinada reacción química en el interior celular. El enzima Sir2 modifica ciertas proteínas eliminando de ellas moléculas de ácido acético que tienen unidas. Las proteínas así modificadas intervienen en diversos procesos celulares que pueden alargar la vida de las células.

Los investigadores han descubierto también que para que Sir2 funcione tiene que estar presente una molécula particular, llamada NAD, que interviene en el metabolismo de los alimentos. Esta molécula puede encontrarse en dos estados, oxidada o no oxidada, y parece ser que es la molécula oxidada la que aumenta la actividad del enzima.

Aparentemente, la restricción de las calorías de la dieta cambia en alguna medida el metabolismo. Esto hace que se acumulen más moléculas NAD oxidadas que aumentan el funcionamiento del enzima Sir2.

Sabiendo que Sir2 es un enzima importante para aumentar la longevidad y que la molécula NAD está implicada también en esto, los investigadores intentaron entonces encontrar alguna molécula que pudiera aumentar el funcionamiento del enzima sin tener que hacer régimen. Tras una búsqueda intensa, encontraron que la molécula resveratrol podía aumentar el funcionamiento de Sir2.

El resveratrol es una sustancia que muchos de ustedes sabrán se encuentra en el vino tinto, en particular, y de la que se sabe que ejerce efectos beneficiosos para la salud, como proteger del cáncer y de la aterosclerosis, por ejemplo. Las levaduras crecidas en presencia de resveratrol pueden vivir hasta un 70% más que las que se hacen crecer en ausencia de esta sustancia. Así, parece que el resveratrol es un buen candidato para fabricar píldoras de la juventud con él.

Sin embargo, las levaduras son organismos unicelulares, y su longevidad puede no tener nada que ver con los mecanismos que regulan la longevidad en organismos pluricelulares. Por ello, se ha investigado si esta enzima afecta la longevidad de organismos más complejos. La respuesta es sí, al menos en un gusano microscópico muy empleado en estudios de desarrollo y longevidad en biología, el *Caenorhabditis elegans*. Este animalillo también vive más si produce mayor cantidad de enzima Sir2.

¿Y la especie humana? Esto es lo que realmente nos interesa. ¿Somos en este aspecto también como un gusano y podemos vivir más si tenemos más enzima Sir2 funcionando? Desgraciadamente, la especie humana no posee el gen que produce el enzima Sir2, que parece propio de los animales inferiores, pero sí tiene un gen muy similar, llamado SIRT3.

Pues bien, un estudio muy reciente llevado a cabo por investigadores italianos indica que si un individuo cuenta con dos copias idénticas de ese gen, heredadas una de su padre y otra de su madre, como es debido, en lugar de poseer dos copias diferentes heredadas de cada progenitor, la longevidad es mayor. Las diferencias en los genes se traducen, en general, en diferencias en las proteínas que producen, en este caso Sir3, y una de las variantes producidas funciona mejor que la otra y alarga la longevidad humana.

Estos resultados se unen a otros que indican que variantes en otros genes están asociadas con mayor o menor longevidad. Además, abren una puerta para explicar los beneficiosos efectos del vino en la salud. Sin embargo, antes de iniciar una dieta estricta a base de vino tinto, es necesario clarificar muchas cosas, se lo aseguro, por lo que le aconsejo que siga comiendo sano y saludable, bebiendo con moderación y que continúe al tanto de los últimos descubrimientos de la ciencia.

1 de diciembre de 2003

Guerras De Semen

SIEMPRE ME FASCINAN los nuevos descubrimientos que nos hablan de lo similares que los humanos y los primates superiores somos en algunas cosas, o los que ponen de manifiesto pequeñas diferencias que pueden explicar por qué somos a la vez tan distintos. Uno de estos recientes descubrimientos tiene que ver con unos genes que confieren la propiedad al semen de los primates y humanos de hacerse más o menos sólido tras la eyaculación. En esto somos muy diferentes chimpancés, humanos y gorilas y ahora explicaré cómo y por qué. Relacionado con lo anterior, también encontramos diferencias en el tamaño de testículos y vesículas seminales, siendo los testículos de los chimpancés mucho más grandes que los del gorila, a pesar de que el tamaño del resto de los órganos es menor en el caso del chimpancé.

Detengámonos en las propiedades del semen de los homínidos. El semen del chimpancé, tras ser eyaculado en bastante cantidad, tiene la propiedad de solidificarse en el interior de la vagina de la hembra cubierta. Esta propiedad no la posee en tan alta medida el semen del hombre, y en absoluto el semen del gorila.

Cabe preguntarse ¿por qué estas diferencias tan notables en las propiedades del semen de especies tan relacionadas? Al fin y al cabo, el chimpancé y el ser humano se separaron hace de cinco a siete millones de años, y la separación de estos con el gorila data de hace unos diez millones de años. No es mucho, en términos de tiempo evolutivo.

Un esbozo de respuesta a esta pregunta lo encontramos al analizar el comportamiento sexual de chimpancés, humanos y gorilas. En el caso del gorila, un macho dominante cubre y fecunda a todas las hembras del clan. Es interesante saber que, si se desata un conflicto entre un macho dominante y otro que desafía su posición, si este último desbanca al anterior, mata a los hijos de este para que las hembras sean receptivas lo antes posible y pueda así cubrirlas y dejarlas preñadas. Lo sorprendente es que las hembras aceptan esta situación sin protestar demasiado, favoreciendo así un comportamiento agresivo y genocida en los machos de gorila.

En cualquier caso, la competición entre machos de gorila a la hora de cubrir a las hembras se resuelve antes de cubrirlas y de este modo nunca dos machos diferentes intentan fecundar a la misma hembra al mismo tiempo. En estas condiciones, no hace falta que el semen del gorila sea abundante ni posea propiedades extraordinarias. Basta con que contenga los espermatozoides suficientes como para que uno encuentre al óvulo.

El caso del chimpancé es diferente. Cuando una hembra está receptiva, todos los machos se apresuran a copular con ella y esta puede hacerlo con varios machos consecutivamente. ¿Quién en esas condiciones será el padre de la criatura? La respuesta es: aquel que llegue antes, el que corra más y alcance antes a la receptiva hembra. El semen de este macho, depositado en la vagina de la hembra, se solidifica al poco, formando un verdadero tapón que va a impedir la progresión de los espermatozoides de los machos que copulen con la hembra más tarde que él.

El caso humano se sitúa entre el del chimpancé y el del gorila. Desde luego nuestro semen no se solidifica, pero sus propiedades son tales que, en parte, retrasa la progresión de los espermatozoides que pudieran venir detrás, lo que, admitámoslo, en nuestra especie sucede mucho más frecuentemente de lo que la gente cree, ya que estudios genéticos indican que al menos el 10% de la población no es hija del padre biológico que cree suyo.

La propiedad que el semen de chimpancé posee de volverse sólido se debe a dos proteínas, llamadas semenogelina 1 y 2. Estas proteínas, como todas, están producidas por genes que se encuentran también en el gorila y en el ser humano. Los genes del gorila no producen proteínas funcionales, por lo que su semen nunca se solidifica ni se espesa. Los gorilas, a lo largo de la evolución, han ido perdiendo estos genes porque les resultan inútiles. Más interesante es que, a pesar de su enorme relación genética, los genes de las semegenolinas de chimpancé y ser humano son bastante diferentes, lo que para algunos indica que se ha producido una selección positiva en el caso del chimpancé, a favor de genes que lograban que el semen fuera cada vez más espeso tras ser eyaculado. Hoy se cree que el ancestro común del ser humano y el chimpancé era físicamente muy similar al propio chimpancé. No sabemos cómo sería su semen, pero este hecho sugiere que es posible que se haya producido, no una selección positiva, sino una selección negativa hacia semegenolinas menos activas en el caso humano.

Sea como fuere, estos datos nos dicen que existe una interacción entre el tipo de comportamiento sexual de una especie de homínidos y las propiedades del semen determinadas genéticamente, es decir, la selección natural no se lleva a cabo en este caso por presiones en el entorno, sino por presiones determinadas por el propio comportamiento sexual de la especie. Así, nos damos cuenta ahora de que, en realidad, no hemos respondido a la pregunta de por qué el semen de chimpancés, gorilas y humanos es diferente, ya que para responderla adecuadamente debemos entender primero por qué su comportamiento sexual es diferente; por qué se han desarrollado comportamientos sexuales tan distintos entre los diferentes homínidos. Desgraciadamente, no puedo dar respuesta a esa pregunta, y ni siquiera sé si nadie puede.

Conformémonos con lo que sabemos. Al menos, la ciencia nos enseña que la historia de la canción titulada, "Cuidado con el gorila", obra del cantautor francés George Brassens, es un mito. Más realista hubiera sido cantar las hazañas sexuales del chimpancé, aunque sea más pequeño y más feo. Y esta es también quizá una lección para el sexo femenino. No porque el hombre sea tan alto y fuerte como un gorila va a disponer de los atributos que ellas desean.

8 de diciembre de 2003

ITER

PODRÍAMOS DECIR QUE existen dos tipos de tecnologías: las que persiguen un fin alcanzable y las que persiguen un objetivo que no se sabe si podremos alcanzar. Para entendernos, pongamos un ejemplo de la del segundo tipo: no sabemos si será posible diagnosticar enfermedades analizando, con aparatos sofisticados, el aliento de las personas. Sería un bonito método de diagnóstico, en el que el médico no tendría ni que tocarnos. Claro está, no conocemos si eso puede un día ser posible, porque ignoramos si el aliento de las personas contiene información suficiente, de todos modos, para conseguir ese fin.

El primer tipo de tecnologías al que me refiero las denomino alcanzables porque la Naturaleza ya ha demostrado que es posible conseguir el objetivo que se persigue. Por ejemplo, podríamos intentar desarrollar una máquina que transformara agua, dióxido de carbono y nitrógeno en alimentos. Parece ciencia-ficción, pero las plantas lo hacen todos los días. Por tanto, el objetivo es alcanzable, aunque otra cosa es que se pueda alcanzar por un mecanismo diferente y más eficaz que el utilizado por las plantas.

A este tipo de tecnología pertenece también la fusión nuclear. Aquí, lo que se pretende es generar energía mediante el mismo mecanismo que utilizan las estrellas, es decir, el objetivo es alcanzable, solo tenemos que ingeniárnoslas para poder conseguirlo aquí en la Tierra. De conseguirlo, tendríamos una fuente de energía muy limpia e inagotable por cualquier ser racional que se precie de serlo, y podríamos decir adiós a los combustibles fósiles, tan contaminantes, aunque quizá debamos seguir usando combustibles limpios, como el hidrógeno, generado a partir de la energía de fusión.

¿Cuál es el mecanismo por el que las estrellas generan su energía? Se sabe hoy que las estrellas convierten materia (m) en energía (E) de acuerdo a la famosa ecuación de Einstein, $E=mc^2$, donde c es la velocidad de la luz, 300.000 km/s. Como sabemos, los núcleos de los átomos están formados por protones y neutrones. Por ejemplo, el núcleo del átomo más simple, el de hidrógeno, está formado por un protón; el de helio, por dos protones y dos neutrones. Al principio, en el universo, además del hidrógeno, solo se formaron los isótopos del helio y algo de litio. Esto quiere decir que para que se generen elementos más complejos, formados por la unión de varios protones y neutrones, es necesario que los elementos más simples se unan, lo que solo sucede en el interior de las estrellas. Protones y neutrones poseen una masa determinada; pues bien, en el proceso de fusión de estas partículas, se pierde masa, la cual se convierte en energía. En otras palabras, el núcleo del helio pesa menos que la suma de las masas de los dos protones y los dos neutrones que lo componen. La diferencia de masa, un 0,7% en este caso, se convierte en energía, y esta es la razón por la que el Sol brilla, ya que transforma materia en energía a una velocidad de ¡cuatro millones de toneladas por segundo!

Una vez que se descubrió que la fusión nuclear era el mecanismo por el que las estrellas generan la inmensa energía que producen, algunos visionarios se dieron cuenta de que si podíamos conseguir realizar la fusión nuclear aquí, en la Tierra, de una forma controlada, obtendríamos una fuente de energía inagotable. ¿Se puede conseguir la fusión nuclear sobre nuestro planeta? La respuesta la dio la generación de la bomba H, o bomba nuclear de hidrógeno, que lo consigue de forma incontrolada por un brevísimo tiempo, con resultados devastadores.

Conseguir lo mismo de manera controlada es mucho más difícil. Veamos por qué. Los protones, que es necesario que se unan para formar nuevos núcleos, poseen carga eléctrica positiva, por lo que se repelen. Para que se unan, necesitan adquirir una velocidad de movimiento que les permita colisionar, es decir, necesitan suficiente energía como para vencer esa resistencia repulsiva y llegar al contacto. Esta velocidad de movimiento a presiones bajas, como las de la Tierra, solo se consigue a una temperatura de unos cien millones de grados, muy superior a la temperatura del centro del Sol, donde la fusión sucede debido también a la enorme presión gravitatoria.

Controlar estas altísimas temperaturas plantea dos problemas. El primero es conseguirla, problema que parece resuelto, al menos por cortos tiempos. El segundo, es que no hay recipiente que pueda contener hidrógeno, ni nada, a tan extrema temperatura. Es, pues, necesario desarrollar un recipiente virtual, que aleje al hidrógeno de las paredes reales del reactor, pero que lo mantenga dentro de la cámara de fusión.

Afortunadamente, a cien millones de grados, los átomos de hidrógeno están disgregados, y los protones están separados de sus electrones. El hidrógeno se encuentra así en un estado de la materia, llamado plasma, en el que las partículas que lo constituyen están todas cargadas eléctricamente, al ser protones y electrones libres. Esta mezcla de partículas cargadas puede contenerse dentro de un recipiente magnético, es decir, creado por potentísimos electroimanes.

Las investigaciones en este campo han determinado que uno de los recipientes magnéticos más eficaces posee forma de flotador, y así se han ido construyendo reactores de fusión que generan campos magnéticos con esa forma para ir aprendiendo con ellos cómo ir desarrollando mejor esta tecnología. Con ellos se ha conseguido la fusión nuclear en varias ocasiones.

Sin embargo, no basta con conseguir la fusión. Para que la empresa sea rentable, es necesario conseguirla por un tiempo suficiente como para que la energía producida sea mucho mayor que la necesaria para encender la reacción. De momento, la "cerilla" que gastamos para encender este fuego nuclear cuesta demasiado aún en relación a la energía que proporciona el fuego mismo que logramos encender, todavía demasiado pequeño. Hacen falta reactores más potentes, más costosos, pero que permitirán que nos acerquemos más al límite de rentabilidad y aprendamos a la vez cómo mantener encendida la reacción por más tiempo.

Este es el propósito de ITER (*International Thermonuclear Experimental Reactor*), en cuya construcción participa un consorcio internacional en el que está incluida España. Con ITER, se pretende producir diez veces más de energía que la que se gasta en encenderlo. Para que la fusión sea rentable, se deberá llegar a producir un mínimo de veinticinco veces la energía que se consuma, así que ITER no será rentable aún. Sin embargo, ITER representará un paso adelante muy importante para que nuestros hijos, ya ancianos quizá, y casi seguro nuestros nietos, lleguen a disfrutar de las grandes ventajas de la fusión nuclear, que extraerá de un litro de agua tanta energía como la que hoy se extrae de trescientos treinta litros de petróleo.

15 de diciembre de 2003

Resistencia Cero

Desde que el ser humano comenzó a descubrir las leyes de la Física que rigen el universo ha ambicionado también utilizar su ingenio para intentar violarlas. La primera y segunda leyes de la termodinámica son las que más veces el ser humano ha intentado violar, sin conseguirlo una sola vez. La primera ley de la termodinámica es la ley de la conservación de la energía, es decir, la que estipula que no puede extraerse energía de la nada. En palabras más técnicas, esto quiere decir que la energía de un sistema aislado es constante, o lo que es lo mismo, que a menos que haya un aporte de energía exterior al sistema, la energía del mismo no aumentará.

La segunda ley de la termodinámica es también sencilla y viene a decir que cuando sucede cualquier proceso físico o químico aumenta el desorden de las partículas que forman el universo. En términos más cotidianos, esto quiere decir que toda la energía absorbida por un sistema, digamos una turbina, no puede transformarse en trabajo, que no es otra cosa que movimiento ordenado, en una dirección, y no desordenado.

Estas leyes del universo no son muy convenientes para el ahorro de energía que tan deseable sería para nuestro medio ambiente. Estas dos leyes significan que no se puede realizar trabajo gratis, sin aporte de energía y, por si esto no fuera suficientemente molesto, que toda la energía suministrada a un mecanismo, máquina, o lo que sea, no podrá ser transformada en trabajo, sino que una buena parte se perderá en forma de calor o de energía inutilizable por ese sistema. Así, por ejemplo, menos del

25% de la energía consumida para el transporte por tierra, mar o aire es utilizada para ese trabajo; el resto se pierde en forma de calor.

Ante semejante situación, algunos optimistas han llegado a creer que esas leyes del universo no eran tales y que, con el ingenio humano suficientemente bien aplicado, se podría soslayar su dominio. Así, numerosos científicos, ingenieros, o visionarios han intentado fabricar mecanismos de movimiento perpetuo, desde un molino autopropulsado a mecanismos teóricos que transforman materia en luz y luz en materia en un ciclo supuestamente interminable del que se podría extraer energía del campo gravitatorio terrestre o de otros planetas.

Ninguno de estos mecanismos ha funcionado, ni posiblemente funcionará mientras nos empeñemos en habitar este universo carente de piedad y lleno de leyes ineludibles y no emigremos a otro cercano, donde quizá nos aguarde una infinita cantidad de energía gratis, además de otros paraísos de igualdad, fraternidad y paz de los que aquí solo se habla, pero no se disfruta.

Sin embargo, nuestro universo tal vez no sea tan implacable, y si no permite el movimiento perpetuo de átomos enteros quizá lo permita de algunas de las partículas que los componen. Es prácticamente lo que en 1911 descubrió el científico holandés Heike Kammerlingh Onnes con la corriente eléctrica. Ya sabemos que la corriente eléctrica es un fluido de electrones que sucede en un lecho de átomos metálicos, conductores, en general. Como todo fluido, la corriente eléctrica encuentra resistencia a su paso, y de no ejercerse una fuerza llamada electromotriz, como la que genera una pila o una turbina, el fluido se detendría.

Sin embargo, Onne, experimentando con materiales a bajas temperaturas, descubrió que llegados a una temperatura suficientemente baja, cercana a la del helio líquido, que solo es de unos 4 grados por encima de la temperatura más baja alcanzable, en la que todos los átomos estarían inmóviles, llegados a esa temperatura, pues, la corriente eléctrica continúa eternamente, al desaparecer toda resistencia a su paso. Los electrones continúan su curso interminable sin que nada les detenga hasta que la temperatura suba de nuevo y la resistencia del material por el que se mueven aumente a su paso y la corriente se detenga. A esta propiedad de algunos materiales de mantener continuamente una corriente eléctrica a bajas temperaturas se la denomina superconductividad.

Desde ese descubrimiento, los científicos han intentado conseguir materiales en los que la superconductividad sucediera a temperaturas más altas. En 1987, se consiguió una aleación de materiales que era superconductora a la temperatura del nitrógeno líquido, lo que permitió el desarrollo de nuevas tecnologías basadas en la superconductividad, como la resonancia magnética que se emplea en Medicina.

Son muchas las promesas que un material superconductor a temperatura ambiente nos ofrecería. Ese material permitiría el transporte de electricidad sin pérdidas desde los centros de producción a los de consumo y también aumentaría el rendimiento de las máquinas eléctricas. Ambos efectos conseguirían un ahorro sustancial de energía. La superconductividad a temperatura ambiente haría mucho más rentable el desarrollo de trenes sin ruedas, que levitan sobre raíles magnéticos, y que son, en realidad, "aviones terrestres", ya que no tocan el suelo y solo encuentran freno a su impulso en la resistencia del aire. El desarrollo de la electrónica superconductora conseguiría aumentar la velocidad de los ordenadores hasta quinientas veces y con mucha menos generación de calor, que es uno de los factores que más frena el desarrollo de chips de computación ultrarrápidos.

Los físicos y químicos continúan investigando sobre materiales que puedan ser superconductores a mayores temperaturas. Quizá no sea posible conseguir uno que lo sea a temperaturas compatibles con las de la existencia de la vida en el universo, no lo sabemos. Mientras tanto, nuevos materiales superconductores son producidos y sus propiedades estudiadas. Estos materiales permiten, por su parte, continuar el estudio del propio fenómeno de la superconductividad, ya que todavía no es del todo comprendido por los científicos, a pesar de que hace casi un siglo desde su descubrimiento. Lo último que se ha descubierto es que una nueva aleación superconductora a bajas temperaturas, pero aislante a temperatura ambiente, posee propiedades que no pueden ser predichas por la teoría actualmente aceptada para explicar en parte la superconductividad. Esto quiere decir, sin paliativos, que la teoría es falsa, puesto que para invalidar una teoría cualquiera solo hace falta encontrar una sola instancia que la contradiga. Por ejemplo, si nos encontráramos un día con un cuervo blanco, eso invalidaría la teoría de que todos los cuervos son negros.

Así, vemos de nuevo en este caso la intensa interacción entre ciencia y tecnología. Avances en ambos dominios del conocimiento e ingenio humano prometen, si no energía gratis, al menos más barata y más limpia. Desgraciadamente, aun en estas fechas, ese objetivo parece más alcanzable que la paz y la solidaridad mundiales. Ojala esto estuviera también al alcance de la ciencia.

29 de diciembre de 2003

Ciencias En Letras

Quien más quien menos reconocerá que las palabras "de cuyo nombre no quiero acordarme" pertenecen a Miguel de Cervantes y que las palabras "ser o no ser" pertenecen a William Shakespeare. Fuera de estos tópicos, la inmensa mayoría de las veces es muy difícil reconocer la autoría de un texto determinado, lo que sería conveniente para poder averiguar si ciertos textos que se atribuyen determinados autores realmente les pertenecen o fueron arrebatados, o escritos por otros.

Para poder establecer si un texto ha sido escrito por una determinada persona, la condición necesaria e imprescindible es que sea cierto que cada autor escribe de una manera diferente y particular y que se pueda distinguir la forma en que escribe un escritor de la de otro. Es claro que cada autor tiene su estilo de escritura, pero ¿qué es realmente el estilo? ¿En qué consiste?

Para las personas de letras, el estilo es esa imponderable cualidad con la que un escritor o escritora plasma, en su particular manera de escribir, su propia personalidad. El estilo es, pues, algo insustancial, imposible de medir; algo tan solo capaz de ser apreciado por almas educadas en la literatura. Esta romántica situación puede desaparecer en breve tiempo gracias al mérito, o a la culpa, según se mire, de la nueva ciencia de la estilometría, ciencia de la medición del estilo, como su nombre indica, y una disciplina impulsada sobre todo, y paradójicamente, por los hombres y mujeres de letras.

Antes de continuar explicando lo que la nueva ciencia de la estilometría ha sido capaz de hacer últimamente, permítame que haga un paréntesis para decir que la ciencia suele ocuparse de lo medible, mientras que lo inmedible queda fuera de su alcance. Así, no parece posible medir la cantidad de arte que incorpora un Dalí o un Miró en comparación con la cantidad de arte que puede encontrarse en un cuadro de Van Gogh, con o sin oreja. El arte queda de momento fuera del alcance de la ciencia, a menos que alguien un día invente cómo medirlo. Esto es lo que ha sucedido al parecer con el estilo literario. Veamos cómo.

Por si al leer esto no se había dado cuenta, los textos están compuestos de palabras escritas. Por esta razón, si es posible averiguar que un texto pertenece a tal o cual autor, lo será analizando qué tipo de palabras lo componen, las combinaciones particulares de las mismas que un autor particular pueda preferir, y si hay algunas que se repiten más o menos de la cuenta.

El sentido común parece decirnos que la frecuencia de aparición en un texto de las palabras más raras, las frases más infrecuentes, es la que mejor revelará el estilo, la personalidad de su autor. Sin embargo, la estilometría analiza justamente la frecuencia de empleo que los escritores hacen de las palabras más comunes, como "en" y "con". Esta estrategia aparentemente contraria a la lógica tiene, sin embargo, sólidas bases psicológicas. Resulta que es el empleo inconsciente de las palabras más comunes, aquellas que el escritor piensa menos a la hora de escribirlas sobre el papel o la pantalla de su ordenador, el que más revela de su estilo, de su personalidad. Las palabras raras o las frases inusuales son fáciles de detectar y de imitar, pero es mucho más difícil, si no imposible, imitar la frecuencia o rareza de un autor en el empleo inconsciente de palabras comunes.

La estilometría se basa, por tanto, en un análisis estadístico de algunas palabras comunes de un texto. Se trata aquí de averiguar si existen patrones determinados de empleo de esas palabras entre los diferentes autores, patrones que serán un reflejo de su estilo, aunque de ninguna manera constituirán la esencia del mismo, por supuesto. La estilometría se ha visto muy ayudada en su desarrollo por el avance de la informática y la digitalización de textos, que ha permitido un profundo análisis matemático del empleo de vocablos y palabras.

Como ha sucedido en tantas y tantas otras ramas de la ciencia, no ha sido en España, a pesar de nuestra gran literatura, donde la estilometría ha comenzado su desarrollo. Son, como siempre los países anglosajones los pioneros en el desarrollo de esta nueva ciencia. Por esta razón, han sido los textos escritos por anglosajones los primeros en ser escudriñados. Esto ha producido algunos resultados sorprendentes.

El primer estudio estilométrico se realizó allá por 1960 en EE.UU. En él se estudió el texto de los Artículos Federales, un conjunto de 85 ensayos publicados en 1787 y 1788 con el propósito de convencer a los habitantes de Nueva York de adoptar la nueva constitución estadounidense. La autoría de 12 de esos ensayos se la disputaron Alexander Hamilton y James Madison. La opinión de los historiadores era que fue Madison quien los escribió, lo que finalmente fue sólidamente confirmado por esos estudios.

Shakespeare ha sido otro de los autores sometido a estudios estilométricos. En este caso, los investigadores utilizaron la informática para programar una red neuronal capaz de aprender a distinguir patrones de uso de vocablos que pueden diferenciar a dos autores determinados. Los autores en este caso fueron Shakespeare, y Marlowe, un autor mucho menos conocido que William, del que algunos mantienen que Shakespeare se «inspiró» para crear algunas de sus obras maestras.

Los investigadores entrenaron a su red informática para que aprendiera a distinguir textos de Shakespeare de los de Marlowe, lo que consiguieron sin problemas. Entonces sometieron a obras de Shakespeare al escrutinio de la red. Uno de los resultados fue que la tercera parte de la obra Enrique VI fue atribuida a Marlowe. Este resultado dio apoyo sustancial a la idea de que Shakespeare se hizo famoso adaptando las ideas y obras originales de Marlowe.

Otra de las sorpresas mayúsculas de los estudios estilométricos ha sido el descubrimiento de que las obras maestras del genial autor francés Molière parece que fueron en realidad escritas por su contemporáneo y, evidentemente, no menos genial, Corneille. El terremoto en el mundo literario francés sería comparable aquí a lo que sucedería si se descubriera que en realidad el Quijote lo hubiera escrito Lope de Vega, pongamos por caso.

No serán estas las únicas sorpresas que la estilometría nos proporcionará sobre la historia de la literatura. Que aquellos estudiosos de la misma se preparen para modificar algunos de los supuestos hechos históricos literarios. Por otra parte, ¿se descubrirá por fin con esta ciencia quién escribió el Lazarillo?

5 de enero de 2004

Usted, Usted, y Usted

Un buen día, se acuesta cansado y más desanimado de lo normal. Por la noche sueña sueños negros y por la mañana, al despertar, nota usted una presencia en su interior que no es usted mismo, pero que al mismo tiempo es usted. Sorprendentemente, un tercer usted se da cuenta de que puede decidir cuál de los dos otros usted "ponerse" esa mañana para ser usted al levantarse. Tras un momento de indecisión, decide ponerse el segundo usted. El problema es que con ese usted, su pareja no lo reconoce como usted, ya que a usted nunca le gustó el café, mientras que usted sabe que siempre adoró el primer café de la mañana.

Parece una historia sacada de un (mal) libro de ciencia-ficción, o uno de los inéditos relatos de Franz Kafka. Sin embargo, quizá algo así puedan sentir alguna vez las personas afectadas de lo que antes se llamaba desorden de personalidad múltiple y ahora se llama desorden de identidad disociativo.

Esta supuesta enfermedad se caracteriza por un proceso mental de disociación que produce una desconexión entre los recuerdos, sentimientos, o pensamientos de una persona y su sentido de la identidad. Se puede decir que el individuo se ha fragmentado en dos o más entidades independientes, cada una con una personalidad determinada, con una serie de gustos, conocimientos y habilidades característicos. Estas identidades se relevan periódicamente en el cuerpo de la persona, de manera que en un mismo cuerpo parecen convivir varios individuos diferentes. El origen de estas diferentes identidades no está claro, pero la mayoría cree que son el resultado de un mecanismo de defensa del sí ante un gran trauma sufrido en la infancia y cuya memoria el individuo desea reprimir. Ante la imposibilidad de olvidar semejante experiencia, la evasión se consigue, en este caso, mediante la creación de otro u otros individuos a quienes se considera blanco de todos los sufrimientos pasados, liberando así al menos a una parte de uno mismo de dicha memoria traumática.

La verdadera naturaleza de este desorden mental es aún objeto de dura polémica entre psiquiatras, psicólogos, e incluso entre neurocientíficos, pensadores y filósofos. No es para menos. Estamos hablando aquí de asignar dos o más "mentes" a un individuo. Todavía no sabemos qué es en realidad la mente, la única que algunos tienen; no disponemos de una teoría de la mente o de la consciencia, del sentido de sí mismo. Por consiguiente, no podemos determinar con precisión si la mente puede romperse en dos o más, y mucho menos si una vez rota puede reunirse en una sola, como si de gotas de agua se tratara.

Muchos psiquiatras y psicólogos no creen que el desorden disociativo de la identidad sea una verdadera enfermedad mental. La experiencia pasada con casos de supuestas enfermedades mentales que realmente no han resultado ser sino fabricaciones resultantes de la interacción, quizá bien intencionada, de paciente y psiquiatra, así lo sugiere. Por otra parte, este desorden de la personalidad ha sido utilizado malintencionadamente por algunos criminales para evadirse de su responsabilidad al cometer un delito, simplemente argumentando que cuando lo cometieron no eran la persona a la que se pretende juzgar, sino otra personalidad que los dominaba en el momento del crimen.

Otra importante evidencia de que el desorden de la personalidad múltiple puede ser una simple fabricación social, resultado tal vez de la moda de la psicoterapia, es que el número de casos de este desorden diagnosticado en Norteamérica aumentó astronómicamente tras el estreno, en 1976, de la película *Sybil*, protagonizada por Sally Fields. *Sybil* relata la historia de una mujer joven con dieciséis personalidades diferentes, supuestamente surgidas como resultado de un abuso sexual sufrido en la infancia. Antes de la proyección de esta película se habían diagnosticado en todo el continente norteamericano unos setenta y cinco casos de este desorden. Desde la proyección de la película se cuentan ahora cuarenta mil casos diagnosticados, un aumento en la incidencia de esta enfermedad sin causas conocidas... salvo precisamente la proyección de la película y su impacto social.

Hoy disponemos de tecnologías que eran impensables en 1976. Podemos, por ejemplo, estudiar qué zonas del cerebro de pacientes diagnosticados con este desorden se activan cuando la persona adquiere una u otra personalidad. De esta manera, podremos quizá encontrar evidencia que confirme o refute la realidad de este fenómeno.

Esto es lo que han llevado a cabo un grupo de investigadores del Hospital Universitario de Groningen, en Holanda. Estos científicos estudiaron por tomografía de emisión de positrones los cerebros de once mujeres con desorden múltiple de la personalidad cuando habían adquirido una u otra de las personalidades que poseían. La particularidad, en este caso, era además que los investigadores estudiaron el cerebro de estas pacientes mientras estas escuchaban una historia traumática de su vida que era aceptada como vivida por una de las personalidades, pero no aceptada de ese modo por la otra.

En el caso de que la paciente adoptara la personalidad que aceptaba la historia como autobiográfica, se activaban regiones del cerebro relacionadas con las emociones. Sin embargo, si la misma persona adoptaba la personalidad que no aceptaba esa historia como autobiográfica, se activaban otras regiones de su cerebro, no relacionadas con las emociones, sino con la conciencia, que eran además diferentes de las regiones del cerebro que se activaban en personas normales al escuchar historias no autobiográficas.

Estos resultados indican que existen diferencias en el funcionamiento cerebral de los pacientes de este desorden según adopten una personalidad u otra. Indican, además, que en el caso de la personalidad que no acepta la vivencia autobiográfica como tal, el cerebro pone en marcha regiones diferentes de las de los cerebros normales que pueden estar implicadas en la represión activa de las memorias traumáticas.

Sin embargo, estos resultados distan mucho aún de establecer este desorden como un desorden cerebral o neurológico, ya que, de nuevo, este funcionamiento diferencial del cerebro en dos o más personalidades diferentes puede ser aprendido, o ser el resultado de una especie de

139

autohipnosis encaminada a representar el papel de paciente con múltiples personalidades. La polémica continuará, pues, en el futuro, al menos hasta que se obtengan datos más concluyentes. En cualquier caso, esperemos que estas investigaciones tengan éxito porque la Seguridad Social ya tiene bastante con un paciente por persona, y no tiene necesidad alguna de que se reproduzcan ellos solos.

12 de enero de 2004

Recuerdo Parcial

ENTRE *TERMINATOR* Y *Terminator* y antes de convertirse en "Gobernator", Arnold Schwaezenegger protagonizó una película llamada *Total Recall* (Recuerdo Total, pero conocida en España como Desafío Total, vaya usted a saber por qué). En ella, un procedimiento tecnológico implantaba en el cerebro las memorias prefabricadas deseadas por el cliente, previo pago de una módica cantidad. Estamos lejos de llegar a esto, pero es cierto que la memoria puede manipularse, incluso por nosotros mismos.

Suele decirse que cualquier tiempo pasado fue mejor. Al margen de que los tiempos pasados fueran, en realidad, mejores o no, tendemos a olvidar lo malo y a recordar lo bueno. Esa capacidad de memoria selectiva es la que da la sensación de que los tiempos pasados fueron mejores.

Al mismo tiempo, otro fenómeno, ya postulado por el famoso inventor del psicoanálisis, Sigmund Freud, parece también ejercer una influencia en nuestros recuerdos. Se trata del fenómeno de la represión de memorias indeseables o traumáticas. Este fenómeno es una variación del anterior, pero en este caso se reprimen bien sea los pensamientos o deseos conflictivos, bien recuerdos que crean sentimiento de culpabilidad, por ejemplo.

Sin duda, Freud ha ejercido una gran influencia en el desarrollo de la Psicología, pero no es menos cierto que sus ideas no habían sido demostradas científicamente. Freud era un observador agudo del comportamiento humano, y esa capacidad de observación le condujo a avanzar sus ideas, ideas que no hechos, sino solo hipótesis sobre el funcionamiento de nuestras mentes.

No obstante, además de formular hipótesis, la ciencia debe demostrarlas o refutarlas, y la mejor manera de hacerlo es mediante experimentos debidamente controlados, donde se comparan dos tipos de sujetos o de situaciones en condiciones bien determinadas. Esto es lo que hicieron hace más de dos años unos investigadores de la Universidad de Oregón, Michael Anderson y Collin Green. Estos psicólogos se propusieron estudiar científicamente el fenómeno de la represión de recuerdos y comprobar o no la existencia de un mecanismo activo de represión de memorias indeseables. Sus experimentos están tan bien diseñados y demuestran tan sólidamente que la represión de algunos recuerdos es un proceso activo y consciente que sus resultados fueron publicados por la prestigiosa revista *Nature*.

Vamos a intentar resumir lo que estos investigadores hicieron y describir brevemente sus experimentos. Es una buena manera de aprender cómo funciona la ciencia, lo cual es requisito indispensable para entenderla. Créame, no es tan complicado. En el fondo, todos somos científicos para muchas cosas en nuestras vidas.

Los investigadores se propusieron estudiar si reprimir conscientemente un recuerdo influye en su mantenimiento en la memoria. Para ello, entrenaron a personas de modo que aprendieran una lista de cuarenta pares de palabras, de tal manera que cuando se mencionara una palabra de ese par, los individuos dijeran en voz alta la otra.

Una vez entrenados así, se les dijo que si escuchaban una palabra de la lista que se refería, por ejemplo, a un objeto, debían intentar acordarse de la otra y decirla en voz alta, mientras que si la palabra era un nombre propio, debían intentar olvidarse de la otra, es decir, intentar impedir que la palabra asociada alcanzara la consciencia. Si los sujetos respondían en este segundo caso, se les advertía con un pitido de su error.

Este entrenamiento se repitió con otros sujetos cambiando las condiciones. Por ejemplo, con palabras de dos sílabas había que acordarse de la otra pareja y con palabras de tres sílabas había que olvidarse.

Tras estas fases de entrenamiento para acordarse o para intentar olvidarse de algunas de las asociaciones aprendidas, se midió el grado de recuerdo de los sujetos, es decir, se determinó en qué porcentaje los individuos se acordaban correctamente de los cuarenta pares de palabras aprendidos. Para evitar que algunos sujetos continuaran, por confusión, reprimiendo las parejas de palabras que se les había indicado antes, en esta ocasión se dio una significativa cantidad de dinero por cada respuesta correcta, con lo que se incentivaba seriamente su correcto recuerdo. Los resultados fueron muy claros e indicaron que cuando los individuos habían intentado conscientemente olvidarse de las asociaciones de palabras indicadas en el experimento, lo habían conseguido. Sin embargo, cuando no se había intentado reprimir el recuerdo, este se había afianzado mejor en la memoria al ir repitiendo correctamente las parejas de palabras asociadas. Así, parece que existe realmente un mecanismo consciente de represión de recuerdos, incluso cuando no somos nosotros mismos quienes decidimos qué recuerdos deben reprimirse.

La existencia de un mecanismo de represión quedó reforzada en otros experimentos en los que no se impidió a los sujetos que pensaran la asociación que debían reprimir, sino solo que reprimieran decirla en voz alta. En este caso, los sujetos no olvidaron las parejas de palabras aprendidas anteriormente, lo que indica que la causa del olvido observado antes no era callarlas, sino un proceso mental voluntario anterior a su pronunciación.

Todo esto da la razón a Freud, quien igualmente hubiera podido estar equivocado. Ya he dicho antes que su convicción por este mecanismo de represión de recuerdos no estaba científicamente demostrada. Ahora, en cambio, sí lo está.

Sin embargo, la ciencia no se detiene aquí. Si en tiempos de Freud la represión de recuerdos debía ser cosa del alma, inaccesible, con la tecnología de que se dispone hoy es posible analizar qué regiones de nuestro cerebro se ponen en marcha a la hora de reprimir conscientemente los recuerdos. Esto es lo que otro grupo de investigadores acaba de publicar en la prestigiosa revista *Science*, hace solo dos semanas. Además de este descubrimiento, los investigadores han descubierto también que existen diferencias entre individuos y los hay que olvidan mejor y que olvidan peor.

Los primeros activan mejor que los segundos las regiones del cerebro involucradas en este proceso.

Si nos detenemos a pensar un poco, estos estudios son, en cierto modo, escalofriantes. Si, en realidad, una parte de nosotros mismos no somos sino nuestros recuerdos, es cierto pues que de una determinada manera nos hemos construido a nosotros mismos, pero a posteriori de las experiencias vividas. Si la vida es eso que sucede mientras estoy ocupado haciendo planes, la manera en que la vida pasada me afecta hoy no está totalmente fuera de nuestro control consciente, según lo que deseemos recordar. Si añadimos a esto que, como parece bien demostrado, podemos también albergar falsos recuerdos, nunca vividos, concluiremos que lo que recordamos que hemos vivido está más o menos alejado de la realidad, según cada cual, y que además esto no es síntoma de locura, sino de cordura. En fin, si le parece demasiado complicado, olvídelo, pero eso sí, sea usted mismo.

26 de enero de 2004

La Globalización De Los Microbios

ÚLTIMAMENTE, LAS COSAS no van demasiado bien, sobre todo si se es un pollo asiático. Vacas locas, salmones contaminados, peste porcina, gripe aviar. Es un buen momento para hacerse vegetariano estricto, si no fuera por el precio de tomates y demás frutas y hortalizas.

Los ciudadanos de a pie, los motorizados, y puede que hasta los e-surfistas, están probablemente confusos con estas noticias tan alarmantes y tan alarmistas. Como lectores educados que somos, concluiremos, una vez más, que ya que estas noticias aparecen publicadas en revistas científicas o simplemente en la sección científica del diario o telediario, la ciencia tiene la culpa de estas catástrofes.

Las cosas no son tan sencillas. No sé si los avances científicos han sido responsables de que la Humanidad pueda criar a millones y millones de pollos al mes, pero si lo han sido, agradezcámoslo, porque eso permite alimentar a una creciente población de seres humanos que se han empeñado en rellenar todos los agujeros de la superficie del planeta, a pesar de que la ciencia permite, desde hace ya muchos años, una contracepción eficaz. Este empeño, unido a que todos deseamos alimentos de calidad, pero baratos –por favor, -¡que hay que ver cómo se ha puesto últimamente la cesta de la compra!–, consigue que se cree el adecuado caldo de cultivo para que los virus animales se reproduzcan como pollos en granja y acaben por atacar también al ser humano.

Las enfermedades causadas por la infección de un ser humano por un microorganismo propio de los animales se llaman zoonosis. Las zoonosis son, sin duda, una plaga de nuestros días. Sin ir más lejos, el SIDA, el Ébola, el SARS, y también la enfermedad de las vacas locas, son zoonosis. Todas estas enfermedades están causadas por agentes infecciosos de los animales que, por razones en ocasiones no muy claras, acaban también por infectar a hombres y mujeres. El último caso de estas zoonosis es el de la gripe del pollo, y de otras aves, ya que el virus es no solo capaz de infectar a gallos y gallinas sino también a gansos y ocas y otras especies de aves y animales.

¿Por qué se crea tanta alarma por un brote de gripe en granjas de pollo? Al fin y al cabo, la gripe no parece una enfermedad tan grave como el SIDA, o el Ébola, o la de las vacas locas. Casi todos hemos pasado una gripe y hemos sobrevivido a ella, así que no se entiende el porqué de tanta escabechina de pollos inocentes.

Pues bien, la alarma no es infundada, y vamos aquí a intentar explicar por qué. Todos sabemos que el sistema inmune es el encargado de defendernos contra las infecciones de los microorganismos. Cuando somos atacados por un microorganismo, el sistema inmune pone en marcha mecanismos de defensa destinados a neutralizarlo, incluso si hace falta para ello eliminar a las células de nuestro propio cuerpo que hayan sido infectadas por él. El sistema inmune, además, aprende a lo largo de la vida a reconocer cuáles son los enemigos con que se ha encontrado y es más eficaz en eliminarlos cuando se encuentra con ellos una segunda vez. Por supuesto, el sistema inmune no es infalible. Si el microorganismo encontrado es nuevo y se reproduce demasiado deprisa, no habrá tiempo para montar una defensa adecuada, lo que podrá costarnos la vida.

Si el virus de la gripe fuera siempre el mismo, no habría problema, porque todos los que hubieran pasado la gripe, es decir, la mayoría de la Humanidad, estarían protegidos contra ella. El virus, al intentar invadir nuestro organismo por segunda vez, se encontraría con anticuerpos contra él que lo estarían esperando para eliminarlo. Sin embargo, el virus de la gripe, a lo largo de la evolución, ha aprendido a cambiar. Sin dejar de ser virus de la gripe, este virus cambia bien por mutación bien por mezcla de su genoma con otra variedad de virus diferente, o con un virus de su misma clase que infecta a los animales. El cambio por mutación es pequeño, pero el cambio por mezclado de su genoma con otros virus es muy importante. Y es precisamente este cambio el que puede producirse si el virus del ave y el humano se encuentran en un mismo animal o persona.

Puesto que el cambio por mutación es pequeño, nuestro sistema inmune tiene aún posibilidades de recocer a este virus como un enemigo con el que se ha encontrado anteriormente, y la defensa contra él es todavía eficaz. Sin embargo, el cambio por mezclado de genoma con otro virus produce una variedad de virus generalmente nueva, que nuestros sistemas inmunes no son capaces de reconocer. Para ellos, se trata de un enemigo nuevo, contra el que no hay defensas previas, por lo que hay que ponerlas en marcha desde el principio. Es una situación difícil. Si, además, el mezclado del genoma ha producido un virus que se reproduce muy rápido, matará a todos a quienes infecte que no puedan poner en marcha sus defensas con suficiente rapidez. Niños y ancianos serán víctimas fáciles. La epidemia será inevitable y mortífera.

Esta es la situación que se teme pueda suceder con el virus de la gripe aviar. Al producirse una epidemia en estos animales, se generan muchísimos virus que, además, pueden infectar a los humanos y también al cerdo. En estos dos animales –tan parecidos en algunas ocasiones–, el virus podrá encontrarse con otros virus de la gripe que atacan a humanos o a cerdos. Es la situación propicia para que se produzca el temido mezclado de genomas víricos. El nuevo virus así producido podría ser mortal no solo para el ser humano, sino también para el cerdo, animal del que se habla poco en esta crisis, pero que de ser atacado por el nuevo virus, causaría un problema económico mayor, además de incrementar el peligro de que se produzca otro virus diferente que, esta vez, sí sea muy virulento para el ser humano.

Estas son, pues, muy resumidas, las razones para tanta alarma. Las autoridades sanitarias mundiales están tomando medidas destinadas a impedir que ese nuevo y mortal virus llegue a aparecer. Esperemos que lo peor no se produzca, aunque sea de nuevo la temida ciencia, y el conocimiento de los riesgos y peligros de este virus que la investigación científica ha desvelado, la que ayude a conseguirlo.

2 de febrero de 2004

Jamones Omega-3

Desde hace ya muchos años, se vienen alabando las milagrosas propiedades de los ácidos grasos omega-3. Existen toneladas de información sobre sus beneficiosas propiedades, que van desde curar la depresión a prevenir el cáncer, pasando, por supuesto, por la prevención de riesgos cardiovasculares.

Sin embargo, un paseo por Internet me ha dejado claro que la mayoría de la gente no debe de saber una o dos cosas simples sobre los omega-3, puesto que en ningún lugar de los que he consultado las explican. ¿Qué es un ácido graso? Y, ¿qué demonios es "omega-3"?

Los ácidos grasos se llaman así porque son ácidos orgánicos que forman parte de las grasas. Estos ácidos poseen un grupo de átomos COOH (C=Carbono, O=Oxígeno, H= Hidrógeno) que es lo que hace que sean ácidos, como el vinagre. Tras ese grupo de átomos, COOH como digo, tienen unidos a él un número variable de grupos CH_2, normalmente de cero a veintiuno, y un grupo CH_3. Por ejemplo, el ácido más elemental es el acético, que se encuentra en el vinagre, y que posee la estructura CH_3-COOH. Existen ácidos grasos más largos, como el butírico, derivado del butano, cuya estructura es CH_3-CH_2-CH_2-COOH. Y los hay mucho más largos aun, como el esteárico, formado por una cadena de un CH_3, dieciséis CH_2 y un COOH, es decir, un ácido graso de dieciocho carbonos.

Espero que todo esté suficientemente claro hasta aquí. Sigamos. Los átomos se unen entre sí mediante enlaces. El carbono, que forma el esqueleto de todas las moléculas de la vida, es capaz de unirse hasta a cuatro átomos más. Esta unión puede efectuarse por tres tipos diferentes de enlaces, llamados enlaces simple, doble y triple. El enlace simple une a dos carbonos entre sí y deja que cada uno de ellos se una a otros tres átomos. Tenemos así moléculas del tipo CH_3-CH_2-CH_2-CH_3, mejor conocido como butano. Sin embargo, a veces, los átomos de carbono se unen mediante un doble enlace, dejando así sitio solo para que esos átomos se unan a dos más. Tenemos así moléculas como CH_3-$CH=CH$-CH_3, o buteno. Finalmente, el enlace triple solo deja que los átomos de carbono unidos de este modo puedan unirse a un átomo más. Tendremos así CH_3-$C\equiv C$-CH_3, o butino.

Ya nos estamos acercando peligrosamente al fondo de la cuestión omega-3. Los enlaces dobles entre carbono y carbono se llaman insaturados, porque no están totalmente saturados con hidrógenos. Pues bien, los ácidos grasos también pueden ser insaturados, es decir, pueden contener enlaces dobles entre dos carbonos cualesquiera de su cadena. No importa cuántos carbonos formen la cadena, el último átomo de los ácidos grasos, el más alejado del grupo COOH, se denomina el carbono omega (última letra del alfabeto griego). A partir de este átomo, se pueden ir contando los átomos de la cadena, 1, 2, 3,,,. Si así contando llegamos al carbono tres y este está unido al cuarto carbono mediante un enlace doble, ese ácido es un ¡omega-3! A partir de allí, el ácido graso puede contener enlaces dobles adicionales, en cuyo caso se llamaría poliinsaturado (poli = muchos, en griego).

Los ácidos grasos poliinsaturados naturales se presentan en tres familias. Existen las familias omega-3, omega-6 y omega-9. Lo interesante es que nuestro organismo no puede fabricar los ácidos omega-3 y omega-6 y debemos adquirirlos a partir de los alimentos, razón por la que se denominan esenciales. Los omega-9, sí podemos fabricarlos, y por ello no son esenciales. Muy bien, y ¿todo esto por qué es así? Si pudiéramos fabricar todos los ácidos grasos no haría falta que comiéramos alimentos que los contuvieran, y todo sería más sencillo.

Desgraciadamente, la dieta que nuestros ancestros comieron era rica en ácidos grasos poliinsaturados, por lo que no fue necesario que nuestro organismo gastara recursos para fabricar lo que tan fácilmente se conseguía con los alimentos. Por esa razón, la especie humana ha perdido la capacidad de producirlos. El problema es que la dieta moderna no está equilibrada en esos ácidos grasos.

¿Por qué son tan importantes estos ácidos grasos? Pues porque, además de ser imprescindibles para que fabriquemos otras moléculas necesarias, como las prostaglandinas, resulta que, quitando el agua, el 60% cerebro está formado por grasa, sobre todo, grasa insaturada. Los ácidos grasos insaturados son muy importantes para mantener la plasticidad de las membranas celulares, que están formadas por grasa. La idea de la plasticidad puede entenderse muy bien si nos damos cuenta de que la mantequilla es sólida a temperatura ambiente y el aceite es líquido. La mantequilla es grasa saturada y el aceite lo es insaturada. Las grasas insaturadas son más fluidas que las saturadas y eso resulta fundamental para permitir que las membranas de las células, en particular la de las neuronas, funcionen de manera adecuada.

En nuestro caso, cuando no tenemos suficiente grasa insaturada, la fluidez de las membranas se logra mantener introduciendo colesterol en ellas. Esta es en parte la razón por la que comer grasa saturada eleva los niveles de colesterol. Comer grasas insaturadas disminuye la necesidad de introducir colesterol en la membrana de las células, por lo que este también disminuye en nuestro cuerpo, evitando así que se acumule en las arterias y las pueda obstruir.

La propiedad de los ácidos grasos insaturados de ser muy fluidos explica también por qué plantas y peces son ricos en ellos. Las plantas y los animales de sangre fría, si además viven en aguas norteñas, necesitan grasas muy fluidas, o de otro modo las membranas de sus células serían demasiado rígidas. Esos animales, o bien son capaces de sintetizarlos, o bien los obtienen fácilmente de su alimentación.

La generación de alimentos ricos en ácidos omega-3 se ha convertido en una prioridad de la industria alimenticia. Recientemente, una publicación en la revista *Nature* informa de que se ha fabricado un ratón al que se le ha introducido un gen que le capacita para producir ácidos grasos omega-3. Es posible que, en el futuro, se intente hacer lo mismo con vacas, pollos, cerdos y otros animales para que produzcan huevos, leche y jamones ricos en esos ácidos grasos. En este caso, como en otros, los animales transgénicos ayudarán a mejorar la calidad nutritiva de lo que comamos, cuando por fin perdamos el irracional miedo a comerlos.

9 de febrero de 2004

Nuevo Diagnóstico Para La Osteoporosis

Como muchos saben, nos vamos haciendo viejos. A medida que el tiempo pasa, nuestros cuerpos cambian, aunque las mentes de algunos permanecen como si la vida nunca les hubiera sucedido, pero sucede. Y sucede que al hacernos viejos, algunas cosas ganan peso y, lamentablemente, otras lo pierden, y no me refiero aquí solo a las ganas para eso, sino a los huesos.

Al alcanzar una cierta edad, los riesgos para muchas enfermedades aumentan considerablemente. Una de estas enfermedades es la osteoporosis, o enfermedad de los huesos porosos. Esta enfermedad, de la que celebramos este año su décimo aniversario oficial, porque fue solo reconocida completamente como tal en 1994 por la Organización Mundial de la Salud, se caracteriza por una pérdida progresiva de masa ósea que genera un aumento peligroso de la fragilidad de los huesos. La disminución de masa de los huesos se debe a una pérdida de calcio de los mismos, debido, en general, a cambios hormonales como la menopausia, que alteran el metabolismo de este mineral y conducen, en algunos casos, al desarrollo de la enfermedad.

El ochenta por ciento de los pacientes afectados por osteoporosis son mujeres. Una de cada dos mujeres y uno de cada cuatro hombres sufrirá a lo largo de su vida una fractura ósea relacionada con el desarrollo de esta enfermedad. Las fracturas más comunes son las de la cadera, vértebras y muñeca, y también las de la parte superior del brazo. Puesto que la enfermedad progresa sin síntomas aparentes, muchos se dan cuenta de que la padecen el día que por un simple tropezón sufren un fractura de una vértebra o se rompen la muñeca al hacer un esfuerzo extra para abrir una puerta. Sufrir una seria fractura a una avanzada edad puede costar la vida. De hecho, alrededor del veinte por ciento de los pacientes que sufren una ruptura de cadera mueren antes de un año, pero si se tienen más de setenta años de edad, la mortalidad puede alcanzar el cincuenta por ciento. Por supuesto, si alguien tiene la fortuna de recuperarse de esa fractura, puede despedirse, la mayoría de las veces, de andar sin problemas.

Por estas razones, los costes sanitarios derivados de esta enfermedad son elevados. Los tiempos de hospitalización para la recuperación de fracturas serias son largos, sin contar con que muchas veces es necesaria la cirugía. Todo esto son buenas noticias. Sí, sí, buenas noticias, porque si queremos que la Medicina y la ciencia logren al fin curar una enfermedad, esta no debe ser una enfermedad barata. A nadie le interesa curar las enfermedades baratas, a pesar de que puedan ser, en ocasiones, graves e impactar muy negativamente en la calidad de vida.

Así pues, existe un interés elevado en curar esta enfermedad, o al menos disminuir los costes que produce. Para lograr esto, es necesario conseguir un método de detección y de diagnóstico adecuados. Hacer que el potencial paciente de osteoporosis salte al suelo desde un taburete para ver si se rompe o no alguna vértebra puede ser un método fiable, y muy barato sobre todo si el taburete es de plástico, pero obviamente inaceptable desde el punto de vista ético.

Por desgracia, necesitamos de otros métodos de diagnóstico y los que actualmente utilizamos son poco fiables, o si son fiables, son incómodos. La osteometría es un método basado en rayos X para determinar la masa ósea. Una baja masa ósea puede ser indicio claro de la enfermedad. Sin embargo, la masa ósea no lo es todo. Personas con masa ósea baja pueden no tener riesgo de fracturas, mientras que otras pueden tenerlo muy elevado. ¿Por qué? Desde mediados de los años ochenta se sabe que la fragilidad del hueso depende no solo de su masa sino sobre todo de la estructura de su parte esponjosa. Si esta se encuentra muy desorganizada, el riesgo de fracturas es elevado, pero si está bien organizada, el riesgo de fracturas es mucho menor, a pesar de la baja masa ósea que se pueda tener.

Desgraciadamente, para averiguar la estructura de la masa esponjosa del hueso es necesario analizar una biopsia del mismo, es decir, hay que arrancarle al paciente un trocito de hueso para analizarlo. Si usted encuentra desagradable que le extraigan sangre, o incluso dejar una muestra de su orina, imagínese la alegría que le dará el día que le digan que le tienen que extraer un trozo de hueso que, además, no es un diente.

No obstante, claro está, diagnosticar adecuadamente la enfermedad es primordial para poder tratarla, así como para poder tomar las precauciones necesarias para proteger los huesos de posibles facturas. Es pues necesario un método de diagnóstico eficaz, sencillo y poco doloroso, que no solo permita diagnosticar la enfermedad sino poder seguir la eficacia de su tratamiento sin necesidad de hacer perder al paciente masa ósea con las biopsias, al mismo tiempo que se pretende que el paciente no la continúe perdiendo o incluso pueda recuperarla.

Y bien, este método de diagnóstico acaba de ser puesto a punto por unos investigadores franceses. El método es de una gran simplicidad, y surge, como muchas cosas en ciencia, de la unión de dos disciplinas diferentes, en este caso la radiología y el tratamiento matemático de las imágenes. Este método consiste simplemente en tomar una radiografía del hueso del talón y analizar la rugosidad de la imagen así tomada mediante un método matemático particular. Cuanto mayor es dicha rugosidad, mayor es la extensión de la osteoporosis.

Esperemos que este nuevo método de diagnóstico sea confirmado y se ponga a punto pronto en todos los hospitales del mundo. Si se revela como un método fiable, será sin duda un avance significativo para el seguimiento de los métodos terapéuticos de la osteoporosis que se irán sin duda desarrollando gracias en parte, como digo, a lo socialmente costoso de esta enfermedad.

16 de febrero de 2004

Empatía y Predicción

Mi PADRE, QUE era un hombre sin estudios y que quizás por esa razón se ganó mucho mejor la vida que sus hijos, personas de carreras universitarias y en algunos casos, avanzadas investigaciones, decía allá por los años 70 que cuando se descubriera cómo funcionaba el cerebro se habría descubierto todo. Esa frase me impresionó, porque sé ahora que solo puede provenir de una persona intelectualmente liberada, aun en aquellos años de intenso confesionalismo institucional y dualidad alma-cuerpo. Es, además, una frase con gran parte de verdad, porque una de las fronteras del conocimiento es, precisamente, comprender el cerebro y cómo genera funciones tan complicadas como el lenguaje o la consciencia humana.

Dice un chiste que circula por Internet que si tuviéramos un cerebro tan simple que pudiéramos comprenderlo, seríamos tan tontos que no podríamos comprenderlo. Al margen de la broma, esta frase contiene también parte de verdad, y sugiere, además, que tal vez nunca podremos llegar a comprender completamente el funcionamiento de nuestro propio cerebro, aunque sí quizá el de los demás. Creo que la mayoría, por no decir todos, los neurocientíficos de la actualidad estarían muy contentos si pudieran comprender en su totalidad el cerebro de un chimpancé, o incluso el de un simio más primitivo. La ciencia actual está aún lejos de esta proeza, pero se siguen produciendo avances significativos en el estudio del funcionamiento del cerebro que nos acercan cada día más a comprendernos mejor a nosotros mismos.

Varios de estos avances han sido publicados muy recientemente en las revistas *Science* y *Nature Neuroscience*. Los estudios, efectuados por investigadores que trabajan en Inglaterra, lanzan alguna luz sobre los procesos cerebrales de empatía y predicción de las acciones de los demás.

La empatía es esa cualidad humana, y posiblemente también animal, que nos capacita para ponernos en la camisa del otro, o incluso dentro de su ropa interior. De empatía derivan las palabras simpático y antipático, por ejemplo. Es lo que hace posible que nos alegremos cuando alguien a quien queremos se alegra y que nos entristezcamos con los amigos que se entristecen.

Predecir las acciones de los demás es también una cualidad humana muy importante, sobre todo a la hora de conducir en ciudad. ¿Qué va a hacer el conductor que nos precede? Desde luego, este no va a ayudarnos a que lo adivinemos poniendo el intermitente. Sin embargo, la mayoría lo adivinamos de todos modos, analizando pequeños indicios, como la velocidad, cambios mínimos en la trayectoria, e incluso quizá el sexo del conductor o conductora, que permiten anticiparnos a sus acciones.

Tanto la capacidad de empatía con el otro como la de predecir sus acciones son cualidades que hacen posible la existencia de las sociedades humanas. Sin una mínima empatía no podemos comprender al otro, entender sus sentimientos o sus motivaciones. La interacción interpersonal sería imposible, y con ello igualmente la constitución de sociedades y grupos humanos. De la misma manera, la capacidad de predecir las acciones del otro es importante a la hora de coordinar esfuerzos en común, pero también a la hora de defenderse de los enemigos. Aquellos individuos con menor capacidad de predicción de las acciones de los demás no estarían bien adaptados a la vida en común ni a empresas en equipo. Habrían sido poco a poco eliminados por la selección natural. La capacidad humana de anticipación, seleccionada durante millones de años, queda muy de manifiesto en el fútbol o el tenis, deportes en los cuales la anticipación de lo que pretende hacer el contrario, o un compañero, por parte de cada uno de los jugadores es vital para el éxito. Igualmente debió serlo a la hora de coordinar la caza en las tribus primitivas.

La importancia social de las capacidades empáticas y de anticipación es lo que, en mi opinión, da relevancia a los estudios publicados. El estudio sobre la empatía se efectuó experimentando con parejas voluntarias, sentimentalmente involucradas, que son las que, en principio, más empatía pueden mostrar. Las áreas que se activaban en el cerebro de las mujeres de cada pareja fueron analizadas, mediante la técnica de resonancia magnética, cuando bien ella, bien su compañero, al que no podía ver el rostro, pero que se encontraba en la misma estancia, recibía una descarga eléctrica de un segundo de duración. Una luz indicadora informaba a la mujer si la descarga iba a ser intensa o no.

Cuando la mujer recibía descargas intensas, se activaban zonas de su cerebro bien conocidas e implicadas en la percepción del dolor. Una de ellas era el córtex somatosensorial, que localiza el origen de las sensaciones corporales. Cuando la misma mujer veía como se administraban descargas a su compañero sentimental, se activaban también áreas del cerebro involucradas en la percepción del dolor, aunque no las del córtex somatosensorial. En este caso, las áreas que se activaban eran las relacionadas con sentimientos afectivos y emociones, es decir, aquellas que parece lógico se encuentren en la base de la empatía.

En otro estudio publicado en la revista *Science*, los investigadores exploran con la misma técnica las regiones del cerebro que se activan cuando una persona intenta anticiparse, o adivinar, las acciones de otra. En este caso, las áreas cerebrales activadas en la realización de una tarea simple no son las mismas que las que se activan ante la anticipación de esa tarea. Curiosamente, estas últimas áreas son muy cercanas a áreas que no son capaces de activarse en el cerebro de individuos autistas, lo que sugiere que el autismo podría estar causado, en parte, por un defecto en la capacidad de anticipación de las acciones de los demás.

Así pues, estos estudios demuestran que nuestros cerebros están equipados para activarse en respuesta a sensaciones o acciones de nuestros semejantes. Las regiones cerebrales involucradas son, en algunos casos, similares a las que se activan cuando somos nosotros los que sufrimos o ejercemos la acción, pero en otros casos son diferentes. No cabe duda de que en todos los casos, esas regiones han ido especializándose en esas tareas, inducidas por las necesidades de supervivencia en el seno de una especie cada vez más social y más organizada, y en la que la capacidad de comunicación y comprensión no verbal resulta fundamental.

1 de marzo de 2004

El Gen De Troya

La ignorancia, la avaricia y la lujuria del ser humano han sido origen de muchas catástrofes ecológicas. Quizá la más famosa sea la catástrofe causada en Australia por la introducción del conejo europeo, realizada con la intención de poder divertirse cazándolo. Este animal, que tiene la mala costumbre de reproducirse como conejos, en Australia no encontró predadores capaces de controlar el crecimiento de su población, por lo que invadió literalmente el continente, causando un desastre ecológico de proporciones, bien podríamos decir, continentales.

Los desastres ecológicos se producen, en general, debido a la ruptura de un equilibrio biológico que se ha conseguido tras cientos de miles e incluso millones de años de evolución. Australia se separó de Asia hace más de sesenta y cinco millones de años y las especies que quedaron así aisladas evolucionaron de manera independiente de las demás, originando así un sistema ecológico único en el planeta.

La introducción en Australia de una nueva especie que ha evolucionado en un ambiente más hostil que el de las especies australianas, como el conejo, y que por ello está adaptada para sobrevivir en condiciones extremas de predación y a utilizar recursos ambientales con gran eficacia, produjo en Australia una ruptura de ese equilibrio. El conejo, falto del control de las especies predadoras que habían coevolucionado con él en Eurasia, se encontró en un ambiente favorable para su reproducción, y su población alcanzó proporciones astronómicas.

No obstante, en el proceso de evolución de las especies, no solo unas compiten con otras, sino que los individuos de una misma especie compiten entre sí por alimento y compañeros de reproducción. La competición de los individuos entre sí se encuentra también casi en equilibrio. Esto es así porque los individuos de una misma especie son genéticamente muy similares, y no existen sino mínimas diferencias genéticas entre unos y otros. Evidentemente, no todos los individuos de una especie poseen los mismos genes, puesto que de ser así esos individuos serían clones o hermanos gemelos unos de otros, y la selección natural no sería posible, al no haber diferencias entre las que elegir.

De la misma manera que el equilibrio ecológico en un ecosistema dado, como el australiano, puede romperse por la introducción de una especie nueva, igualmente puede romperse el equilibrio de competición entre individuos de una especie por la introducción artificial de un gen nuevo, es decir, por producir animales o plantas transgénicos. Los individuos de cada especie, entre otras cosas, pueden ser considerados como un complejo sistema de genes que cooperan para formar así a cada individuo. Este sistema de genes se ha generado igualmente durante millones de años de evolución. La introducción de un gen nuevo en él, en algunos casos, puede acarrear consecuencias tan devastadoras como las tuvo introducción de conejos en Australia.

Aunque ha quedado más que demostrada la seguridad de los alimentos transgénicos para su consumo, no está claro que estos sean seguros desde el punto de vista ecológico. Hace unos años, se generó un salmón transgénico para el gen de la hormona del crecimiento. Los salmones con este gen crecen mucho más rápidamente que los que no lo poseen. Si estos salmones genéticamente modificados escaparan al medio natural, ¿tendría esto un efecto sobre las poblaciones de salmones salvajes? Para intentar responder a esta pregunta unos investigadores de la universidad de Purdue, en Estados Unidos, realizaron experimentos controlados cuyos resultados han sido publicados la semana pasada en la prestigiosa revista *Proceedings of the National Academy of Sciences* de EE.UU.

Estos investigadores produjeron en el laboratorio no salmones, sino peces medaka transgénicos para el gen de la hormona del crecimiento y estudiaron su capacidad reproductora y su capacidad de supervivencia. Lo que encontraron es muy curioso, en mi opinión, e ilustra muy bien tanto los mecanismos de la evolución de las especies como los posibles efectos ecológicos indeseables de la producción y liberación a la Naturaleza de ciertos organismos transgénicos.

Los peces macho transgénicos para el gen de la hormona del crecimiento resultaron ser, como se esperaba, mayores que los normales. Esta talla superior les proporcionaba una ventaja reproductora muy importante. Para que nos demos una idea, frente a cinco machos normales compitiendo por las hembras al mismo tiempo, un solo macho transgénico era capaz de fecundar al 75,6 % de estas. Un verdadero Don Juan piscícola.

Esta ventaja reproductora parecía indicar que el gen extra que poseían estos peces se expandiría por la población con rapidez. Al cabo de un tiempo, no muy largo, la especie natural se habría extinguido y habría sido sustituida por la transgénica. Esto es precisamente lo que no deseamos que suceda. Pues bien, los cálculos por ordenador de la expansión de este gen indicaban que, en efecto, en muy pocas generaciones se habría expandido a toda la población de peces.

Sin embargo, en ecología y biología, las cosas no son sencillas. Los individuos, en la Naturaleza, no solo tienen que competir con otros de su misma especie, para su supervivencia sino también con individuos de especies diferentes, como predadores, por ejemplo. Y en este caso, los peces transgénicos tienen una desventaja. Su capacidad de supervivencia es menor que la de los individuos normales de su especie.

Así pues, a pesar de su ventaja reproductiva, los animales transgénicos tienen mayores dificultades para sobrevivir en la Naturaleza que los normales. En estas condiciones, la especie se encamina a la extinción. Los modelos de cálculo por ordenador que estos investigadores emplearon indican que tras liberar unos pocos transgénicos en la Naturaleza, la extinción de su especie sucedería en solo ¡cincuenta generaciones!

Estos datos, por supuesto, no son tranquilizadores a la hora de considerar los efectos que podría causar la contaminación de la Naturaleza con algunos, no necesarlamente todos, animales y plantas transgénicos, pero, como todo, también tiene su parte positiva, puesto que estos datos capacitan el desarrollo de técnicas de lucha ecológica encaminada a reducir drásticamente la población de plagas como las que suponen ciertos insectos. Pienso, por ejemplo, en el mosquito anófeles, transmisor de la malaria, que hoy se mantiene controlado por medios químicos, peor aun que los ecológicos. Aquí reside el ingenio del ser humano, capaz de transformar algo dañino en útil, como lo ha venido haciendo desde que comenzó a usar el fuego.

8 de marzo de 2004

Terapia Electrificante

Desde tiempo inmemorial, el ser humano ha mostrado fascinación por la electricidad. Es posible que las tormentas, con su parafernalia de rayos, truenos y relámpagos, y su dramática manifestación del poder de la Naturaleza, dieran origen al nacimiento de algunos dioses de civilizaciones antiguas, como el dios vikingo Thor, dios del trueno, o Eolo, dios griego del viento.

La generación y el control de la energía eléctrica, que hoy da vida a nuestra civilización, aumentó la fascinación por ella. A esta fascinación contribuyeron especialmente los experimentos del italiano Luigi Galvani, en los que mostró que impulsos eléctricos eran capaces de causar la contracción muscular en sapos y otros animales. Quizá estos experimentos inspiraron en parte a la autora Mary Shelley su obra *Frankenstein* para hacer de la electricidad una fuerza creadora de vida.

En este sentido, es interesante saber que las modernas técnicas de clonación animal necesitan también de la electricidad. Tras extraer el núcleo a un óvulo e introducir en él una célula corporal con su juego completo de cromosomas, un pulso eléctrico es necesario para poner en marcha el proceso de división celular y desarrollo embrionario. La electricidad es, en este caso también, fuente de vida, aunque sea de vida clonada.

El tratamiento de células con pulsos eléctricos se usa desde hace algunos años como método para introducir genes en ellas. Es de todos sabido que las células poseen una membrana celular formada por lípidos que impiden el paso de sustancias cargadas eléctricamente, normalmente disueltas en agua y que no interaccionan con los lípidos. De esta manera, la membrana celular constituye una barrera que separa muy eficazmente el mundo vivo, en el interior celular, del mundo inanimado exterior. Por supuesto, esta barrera impide el paso de moléculas de ADN, las moléculas de los genes, que poseen una carga eléctrica negativa muy elevada, por lo que no pueden atravesar la membrana celular.

Sin embargo, el tratamiento de las células con pulsos eléctricos de corta duración, del orden de microsegundos (la millonésima parte de un segundo), produce poros en la membrana celular que permiten temporalmente el paso de moléculas cargadas del exterior al interior celular, o viceversa. Esta técnica se denomina electroporación, por razones obvias, y se utiliza en numerosos laboratorios del mundo para introducir genes en las células y estudiar así sus funciones. No obstante, de momento, no ha tenido mucho éxito como método de terapia génica, es decir, como medio de introducir genes sanos en las células para curar enfermedades causadas por genes defectuosos.

Si la electricidad, en algunas condiciones, puede ser fuente de vida, es quizá más interesante su empleo como causante de muerte. Desde hace unos años, algunos investigadores se han interesado por este efecto de la electricidad. Por supuesto, no estamos hablando aquí de "cocer" a las células bajo una corriente eléctrica que las "vaporice", sino de causarles la muerte mediante la inducción por la electricidad de procesos puramente naturales.

La inducción de muerte celular por pulsos eléctricos de una duración de microsegundos, capaces de formar poros en las membranas, ya fue observada hace unos cinco años. Según la duración y la intensidad de los pulsos eléctricos, las células desarrollan poros que ponen en contacto su mundo interior con el exterior. Esto induce de alguna manera señales que conducen a las células al suicidio, llamado, en lenguaje científico, apoptosis.

La apoptosis es un fenómeno de muerte celular muy bien conocido. Es un proceso normal en la vida de los organismos y fundamental durante el desarrollo embrionario y en el mecanismo de defensa del sistema inmune frente a las infecciones por virus, por ejemplo.

El hecho de que pulsos eléctricos pongan en marcha mecanismos celulares de muerte programada sugiere que la electricidad, bien aplicada, puede ser una herramienta para tratar algunas enfermedades, como, por ejemplo, ciertos tipos de cáncer. Por esta razón, se está empezando a dedicar más esfuerzo a estudiar este fenómeno. Por ejemplo, se está ya estudiando qué tipo de pulsos pueden ser los más eficaces para estimular la apoptosis celular. Recientemente, han encontrado que pulsos ultra cortos, del orden de nanosegundos (la milmillonésima parte de un segundo, o la milésima parte de un microsegundo) de duración, pero de millones de voltios de potencial, inducen también apoptosis en las células, sin por ello dañar a las membranas celulares. Este es un descubrimiento interesante, porque la muerte celular causada por daño a la membrana produce una reacción inflamatoria dolorosa en el organismo, ya que los contenidos celulares salen al exterior; sin embargo, las células que mueren sin sufrir por ello daño en la membrana son eliminadas por las células "basurero" del sistema inmune de una manera mucho menos dolorosa. Esto hace que el tratamiento de tumores con este tipo de nanopulsos eléctricos pueda un día convertirse en un modo eficaz de terapia anticancerosa que se añadiría a la panoplia de estrategias anticancerosas más o menos exitosas de las que ya disponemos.

En experimentos realizados con ratones de laboratorio a los que se les ha inducido la formación de tumores, se ha comprobado que la aplicación de nanopulsos eléctricos puede reducir la talla del tumor hasta en un 50%. Y esto cuando aún no se sabe qué tipo e intensidad de nanopulsos pueden ser los más eficaces inductores de muerte celular. Igualmente, tampoco se dispone del equipamiento necesario para conducir la electricidad a los tumores de la manera más efectiva. No sé sabe, por ejemplo, cuál es la mejor manera de administrar nanopulsos a determinado tumor, si hacerlo por muchos puntos o si hacerlo solo en dos o tres puntos determinados, entre otras posibilidades. Este tipo de estudios es imprescindible antes de poder iniciar ensayos clínicos en seres humanos.

El beneficio de esta técnica podría, además, no limitarse a la lucha contra el cáncer. Algunos estudios indican que los nanopulsos eléctricos destruyen a las bacterias, lo que puede ser una buena manera de esterilizar alimentos u otras sustancias. Igualmente, podría aplicarse esta técnica para eliminar células normales en exceso, que nunca son neuronas, sino, por ejemplo, los antiestéticos adipocitos que tan comunes son en la obesidad. La ciencia y la tecnología nunca dejan de sorprendernos incluso con nuevas aplicaciones potenciales de un viejo conocido, como la electricidad.

22 de marzo de 2004

Causas De Extinción Masiva

Todos estamos bien familiarizados con la evolución de las especies y sus mecanismos. La evolución sucede porque no todos los individuos de una especie son exactamente iguales. Aquellos que poseen ligeros cambios en sus genomas que les proporcionan ventajas reproductivas en el medio ambiente en el que viven tienen mayores probabilidades de pasar sus genes a la siguiente generación. Estos cambios ventajosos van pasando de padres a hijos y así la especie va cambiando muy progresivamente con cada generación.

Los ambientes naturales en los que las especies viven también cambian con el tiempo. Puede haber, por ejemplo subidas o bajadas de la temperatura o de la humedad que afecten a la capacidad de los individuos de una especie para encontrar alimento y reproducirse. En el contexto de estos cambios, hay especies en las que, a pesar de las diferencias entre los individuos de la misma, ninguno contiene los genes adecuados para hacerles frente con éxito y competir por la supervivencia con otras especies. La especie se extingue.

Estos procesos evolutivos son los que conducen al tópico de la supervivencia de los más fuertes, deberíamos decir de los que demuestran mejor y mayor capacidad de adaptación al cambio. Parecería así que la evolución es un proceso en el que, poco a poco, se seleccionan cambios que mejoran a las especies, haciéndolas más fuertes, o simplemente porque las que han sobrevivido a todo los avatares de la vida tienen que ser las mejores.

Desgraciadamente, no es así. Al margen de discutir si una vaca es mejor o peor especie que los trilobites, animales que vivieron por más de trescientos millones de años sobre el planeta, no es correcto concluir que las especies mejoran a lo largo de la evolución, ya que existe otro fenómeno que ha influido enormemente en qué especies estamos aquí hoy, vivas, sobre la Tierra. Hablo de las extinciones masivas.

Las extinciones masivas son un fenómeno muy diferente del "goteo" de extinción de especies que sucede por el mecanismo que acabo de exponer. En las extinciones masivas, como su nombre indica, desaparecen de un plumazo un gran porcentaje de las especies vivas. Las causas de las extinciones masivas suelen ser fenómenos físicos. Todos conocemos la versión más aceptada por los científicos de la causa de la gran extinción que sucedió al final del periodo Cretácico, hace sesenta y cinco millones de años, y que acabó con los dinosaurios y muchos otros organismos menos conocidos por el gran público de Hollywood. Numerosos indicios sugieren que un asteroide impactó con la Tierra, lo que causó una tremenda nube de polvo que oscureció el sol, e hizo descender drásticamente la temperatura. A pesar de estos cambios tan dramáticos, no todas las especies murieron y las que sobrevivieron siguieron el proceso de evolución y creación de especies que condujo a que ahora esté usted leyendo estas líneas.

Tenemos pues todo el derecho a preguntarnos que si ese asteroide no hubiera impactado sobre la Tierra estaríamos ahora aquí discutiendo de armas de destrucción masiva y terrorismo. Además, la extinción masiva del final del Cretácico no ha sido la única sufrida por nuestro planeta. Bien al contrario, han existido al menos diez extinciones masivas a lo largo de la historia de la vida. En cada una de ellas, un gran porcentaje de las especies dejó de existir. La extinción masiva más importante ocurrió al final del periodo Pérmico, hace unos doscientos cuarenta y cinco millones de años, y acabó con el 95% de todas las especies. En esa ocasión, casi no lo contamos. No se sabe aún cuál fue la causa de esa extinción masiva, pero se cree que también pudo ser causada, al menos en parte, por el impacto de otro asteroide, quizá aun mayor que el que acabó con los dinosaurios (y condujo al nacimiento del cine).

Además de esta extinción, han existido otras tres en las que desaparecieron entre el 76% y el 85% de las especies de ese periodo. En las restantes extinciones masivas desapareció un porcentaje menor de especies, pero siempre superior al 35% de las mismas. Con esas cifras, un simple cálculo nos dice que las especies actuales, la nuestra entre ellas, descienden de menos del 1% de las especies vivas hace unos cuatrocientos millones de años. Sin esas extinciones masivas es, pues, muy probable que el proceso progresivo de selección del que hablaba al principio nunca hubiera producido una especie como la nuestra. Somos el resultado del resurgir de la vida tras la muerte.

Además de estas extinciones tan importantes, el estudio de los restos fósiles indica que han existido extinciones menos masivas. Por ejemplo, la extinción de Mamuts y otros grandes animales que tuvo lugar hace unos diez mil años coincidió con un periodo de cambio climático, pero también con la aparición de los primeros grupos eficientes de cazadores humanos.

Quizá fue ese el momento en el que la actividad humana comenzó a impactar sobre la supervivencia de numerosas especies del planeta. Y es que puede parecernos que las extinciones masivas son fenómenos que afortunadamente nunca veremos en nuestras vidas; sin embargo, no es así. Numerosos indicios dan fe de que estamos asistiendo a un periodo de extinción masiva causado esta vez por una causa no física, sino biológica y química, que no es otra que la superpoblación que ha alcanzado nuestra especie y la contaminación del medio ambiente que estamos produciendo. Por ejemplo, en Inglaterra, en tan solo los últimos cuarenta años, han desaparecido el 71% de las especies de mariposas, el 54% de las de aves y el 20% de las de plantas. Cifras que indican que, en efecto, al menos allí, ha sucedido ya una extinción masiva.

De continuar con nuestra actividad contaminante y acaparadora de recursos naturales, vamos a acabar con la vida de numerosas especies que ni siquiera han sido aún descubiertas por la ciencia. Esto es también malo para la supervivencia a largo plazo de nuestra propia especie. El problema no tiene fácil solución, pero el primer paso para resolverlo es ser consciente de que existe. Los últimos datos acumulados por los científicos no dejan lugar a dudas. ¿Vamos a dejar que esta extinción masiva continúe?

29 de marzo de 2004

El Cerebro Obeso

La obesidad se ha convertido en un grueso problema de salud pública. En los Estados Unidos, pronto será la causa más importante de mortalidad prevenible, superando al tabaco. La Organización Mundial de la Salud estima que la obesidad supone hasta el 7% de los costes de sanidad en los países desarrollados.

Estas razones, tanto médicas como económicas, han conducido a un aumento de la investigación para luchar contra la obesidad. De esta manera, por ejemplo, se han desarrollado métodos físicos para mitigarla. Y no me refiero solo a campañas para incrementar el ejercicio físico, sino a uno de los métodos físicos de terapia preferidos por la Medicina: la cirugía.

Cuando la obesidad se convierte en un problema de tal tamaño, se puede cortar por lo sano, nunca mejor dicho, y deshacernos de un buen trozo de estómago y de duodeno por métodos quirúrgicos. De esta manera, conseguimos un estómago menor, que impide ingerir grandes cantidades de alimento, pero al deshacernos también de un trozo del duodeno, impedimos en parte la absorción de grasa por esa parte del intestino delgado, lo que favorece el control de peso. Este y otros tipos de cirugía no están exentos de riesgo, y normalmente solo deberían emplearse cuando los riesgos de continuar siendo muy obeso son mayores que correr los riesgos de una intervención quirúrgica, con las posibles complicaciones que pueden sobrevenir.

A muchas personas puede parecerles increíble que se tenga que llegar a tales extremos para controlar un comportamiento que no hace mucho era simplemente un pecado capital, la gula, que sencillamente se combatía con la virtud teologal de la templanza. ¿Dónde han ido a parar la simple voluntad y determinación humanas? Afortunadamente, nos hemos dado cuenta de que la gula no es un pecado. Hoy, la gula no es sino un desarreglo hormonal y la templanza no es otra cosa que el estado normal de equilibrio fisiológico que mantiene el peso corporal dentro de los límites adecuados. Son precisamente los fallos en los mecanismos fisiológicos de control del apetito los que conducen a la bulimia. El bulímico severo poco puede hacer, aun amenazado con el fuego eterno, para controlar su apetito e intentar saciarlo en un entorno en el que se incita a consumir y es muy fácil conseguir alimentos de alto valor energético a un precio moderado. La obesidad está garantizada.

¿Cuáles son los mecanismos fisiológicos que controlan nuestro peso? Desde hace unos diez años, se sabe que una de las hormonas que más influencia ejercen sobre el control del peso corporal es la leptina, cuyo nombre se deriva de la palabra griega leptos, que significa ligero. El gen de la leptina se identificó al estudiar una estirpe de ratones de laboratorio que desarrollaban una extremada obesidad en la vida adulta, llegando a pesar más de tres veces el peso de un ratón normal.

Los adipocitos, las células del tejido adiposo encargadas del almacenamiento de grasa, son las células que producen y liberan a la sangre esta hormona. Por la sangre, la leptina viaja hasta el cerebro, donde llega hasta unas neuronas determinadas que poseen en su superficie una proteína a la que se une. Esta proteína, llamada el receptor de la leptina, pone en marcha entonces una serie de complejos mecanismos bioquímicos que consiguen modular nuestro comportamiento relativo a la búsqueda e ingesta de alimentos. Por supuesto, el comportamiento es regulado por nuestro cerebro, pero en este caso, ese control se ejerce indirectamente por los propios adipocitos, que son los que "saben" cuánta energía tenemos almacenada.

No hay que ser un genio para comprender cómo puede fallar este mecanismo. Es bastante evidente que si los adipocitos no producen suficiente leptina, el cerebro va a "pensar" que es hora de comer, e inducirá así ese comportamiento. Por otra parte, si las neuronas del cerebro encargadas de modular la ingesta de alimentos no poseen, o no poseen suficiente, receptor de la leptina, de nuevo las neuronas van a "creer" que no hay suficiente energía almacenada en el cuerpo e inducirán el comportamiento para conseguirla, que no es otro que comer.

Aunque son dos los fallos posibles, no son igualmente probables. El fallo más común de este mecanismo, que de todas formas no es el único involucrado en el control del peso, no es la falta de producción de leptina, sino la falta de respuesta a su presencia por parte de las neuronas que controlan el apetito. En otras palabras, los adipocitos, en general, producen suficiente cantidad de leptina, pero el cerebro del obeso es "ciego", o al menos "miope" a su presencia.

No es solo esta la función de la leptina. Investigaciones muy recientes publicadas en la revista *Science* indican que los efectos de la leptina durante las primeras etapas de la vida pueden ser fundamentales. Los investigadores suministraron leptina durante la primera semana de vida a ratones de la estirpe mencionada arriba, que no poseen ese gen y que se convierten en obesos. Tras la primera semana, no administraron más leptina. Lo que observaron fue que más tarde en su vida, esos ratones comían mucho menos que los ratones a los que nunca se les administraba la hormona, a pesar de no producir leptina por carecer de ese gen.

Los investigadores decidieron estudiar entonces el cerebro de esos ratones y comprobaron que mostraba mayor número de neuronas en la zona del mismo que controla el apetito. La leptina ejerce pues un efecto sobre el desarrollo de las zonas del cerebro involucradas en la ingesta de alimento. Además, estos cambios son permanentes.

Este descubrimiento abre la puerta a un tratamiento preventivo temprano de la obesidad. Quizá niños recién nacidos con bajos niveles de leptina pudieran beneficiarse más tarde en su vida de la administración temprana de esta hormona. Es muy pronto para decirlo y muchos más estudios necesitan ser efectuados para concluir algo con seguridad. Sin embargo, de nuevo, la ciencia nos ofrece excitantes promesas para la mejora, si no de nuestra salud, si de la de nuestros hijos o nietos.

5 de abril de 2004

Una Pequeña Gran Tecnología

A PESAR DE mi aún corta vida, recuerdo sin embargo cómo, cuando niño, para hacer el desayuno todas las mañanas en mi domicilio había que encender una cocina de carbón. El carbón lo vendían en una tienda, al otro lado de la calle. Entre montones de carbón, se movía el carbonero, llenando sacos para venderlos. Recuerdo perfectamente el blanco de sus ojos. Solo unos años más tarde, el butano desplazó al carbón para siempre y el carbonero se convirtió en dueño del bar en el que convirtió su primitiva carbonería. El blanco de sus ojos dejó de impresionarme.

Desde la transformación de la carbonería en bar, no deja de sorprenderme que la ciencia y la tecnología sigan avanzando a velocidad de vértigo, sin freno aparente. Supongo que esta sorpresa es compartida por todos. A veces, consideramos que los avances de la ciencia y la tecnología están tan garantizados que forman parte a la vez de nuestro presente y de nuestro futuro. Esto queda patente en la actitud, muy común en algunos, de no comprarse ahora un ordenador o un nuevo televisor porque en un año serán mejores y más baratos.

Uno de los avances de hoy por la mañana que puede convertirse en la revolución de hoy por la tarde es la nanotecnología y, dentro de ella, las aplicaciones de los nanotubos de carbono, elemento químico que, evidentemente, abundaba en el carbón que despachaba el carbonero para ser quemado en la cocina de mi casa.

La idea que está detrás de la nanotecnología no es muy novedosa, sin embargo, y puede resumirse como sigue. Como todos sabemos, los productos manufacturados están formados por átomos. Que podamos fabricar una variedad de estos productos radica exclusivamente en dos razones: el tipo de átomos que los forman, y la organización de dichos átomos. Por ejemplo, los átomos de hierro pueden organizarse de muy diversas formas para fabricar diferentes objetos, desde tenedores a tornillos y tuercas. Al mismo tiempo, pueden combinarse con otros materiales, formados por otros átomos y organizados en diversas formas para fabricar así aun una mayor diversidad de objetos. En todos los casos, el truco consiste en colocar a los átomos que queramos en el lugar que queremos. Esto, hoy se hace de manera que aún se encuentra lejos de los límites teóricos de la tecnología, que no son otros que manipular los átomos uno a uno para colocarlos donde queramos. Puesto que las dimensiones de los átomos y moléculas son del orden de la milmillonésima parte del metro, es decir, del orden de nanómetros, a esta tecnología se le ha dado el atractivo nombre de nanotecnología.

La nanotecnología, pues, es una disciplina que se encuentra en los límites de la física, de la química, de la biología (muchas de las moléculas de la vida pueden considerarse nanomáquinas) y de la ciencia de materiales, por nombrar solo unas pocas de las ciencias involucradas en el desarrollo de esta nueva tecnología. Muchas son las maneras en las que la nanotecnología promete revolucionar nuestras vidas, para bien. No podemos aquí analizarlas todas, pero podemos analizar una de las más prometedoras avenidas de investigación que es la fabricación y uso de nanotubos de carbono.

Hasta 1985, los químicos pensaban que ya se sabía todo sobre las formas en las que los átomos de carbono podían organizarse. Estas eran dos, el diamante y el grafito. El diamante es conocido por todos, y el grafito es el material que puede encontrarse, mezclado con otras cosas, en las minas de lapicero. Sin embargo, en 1985 se descubrió que los átomos de carbono podían organizarse formando esferas cerradas compuestas por sesenta átomos unidos entre sí en una red de hexágonos y pentágonos idéntica a la estructura de un balón de fútbol. A esta estructura se le denominó fulereno.

Este descubrimiento espoleó la investigación sobre potenciales formas de organización de los átomos de carbono aún no descubiertas y, en 1991, se descubrió que dichos átomos podían también organizarse en cilindros formados por una red hexagonal de átomos, similar a las celdas de una colmena de abejas. Los extremos del cilindro se cerraban con una estructura correspondiente a medio fulereno. Era el nacimiento de los nanotubos.

En 1992, se inventa el primer procedimiento de fabricación en masa de nanotubos de carbono. Esto permite estudiarlos en profundidad. Hasta la fecha, se han descubierto propiedades sorprendentes de los mismos que hacen deseable su utilización en numerosas aplicaciones. Para empezar, si nos imaginamos los hexágonos de un panal de abejas podremos visualizar la red que forman, idéntica en estructura a la formada por los átomos de carbono del nanotubo, bien sea con los vértices, bien con los lados de los hexágonos hacia arriba, siguiendo la dirección del eje del cilindro del nanotubo. Pues bien, si los vértices de los hexágonos de la red se dirigen hacia arriba, el nanotubo es un excelente conductor de la electricidad, muy superior al cobre y mucho más ligero que este. Si por el contrario son los lados de los hexágonos de la red formada por átomos de carbono los que se alinean en la dirección del eje del nanotubo, este es semiconductor, es decir, conductor de la electricidad o no según la tensión eléctrica que se aplique a sus extremos. Estas propiedades permiten su utilización en componentes electrónicos con ventaja sobre el silicio, por ejemplo para la fabricación de nanotransistores, el alma de los procesadores de los ordenadores modernos.

Igualmente, las propiedades conductoras de los nanotubos permiten utilizarlos en la fabricación de nanotubos catódicos, similares a los que se encuentran en los televisores, pero mucho más pequeños. La distribución de millones de estos nanotubos catódicos en una pantalla plana permitirán la fabricación de televisiones extraplanas de alta resolución, ligeras y de muy poco consumo eléctrico. Algunas compañías europeas y japonesas planean ya comercializar este tipo de pantallas ¡en 2005!

Por otra parte, los átomos de carbono son de los que más fuertemente se unen unos a otros. Esta propiedad hace que los nanotubos sean estructuras extremadamente resistentes. Con ellos, pueden fabricarse fibras e hilos de carbono de una resistencia de tres a cuatro veces superior a la de la seda de la araña, el material más resistente a la ruptura por tensión conocido hasta la fabricación de los nanotubos. Esta tenacidad, junto con la ligereza del carbono, convierte a los nanotubos en materiales de uso para la fabricación de aviones, automóviles y otras estructuras donde ligereza y resistencia sean de importancia.

Así que ya ven ustedes, del carbonero de mi casa a la televisión nanoplana, en tan solo media vida, el carbono no ha dejado de proporcionarnos buenas sorpresas. Esperemos que estas de las que les he hablado hoy no sean las únicas.

12 de abril de 2004

Vida Demiúrgica

Según la mitología griega, los dioses crearon a todas las especies vivientes, pero encomendaron a los hermanos Epimeteo y Prometeo que las dotaran de las facultades propias de cada una: coraje, valentía, rapidez, etc. Prometeo cedió a la petición de su hermano y dejó a Epimeteo que llevara a cabo la distribución de dichas cualidades. Como Epimeteo no era del todo sabio, distribuyó todas las cualidades entre las bestias, con lo que al llegar a la especie humana no le quedaba ya cualidad alguna para atribuirle.

Viendo Prometeo este desaguisado, no se le ocurrió otra cosa que entrar en el "despacho" de los dioses Hefesto y Atenea y robarles la sabiduría de las artes y el fuego, que regaló a los humanos. Esto nos vino bien, porque gracias a este regalo, la Humanidad se ha erigido en dueña y señora del planeta y es capaz de crear objetos, utensilios y aparatos que sin las artes, el fuego, y ahora las ciencias, hubieran hecho imposible nuestra supervivencia.

Los dioses se enfadaron bastante con el ladrón de Prometeo. Como castigo, el desdichado Prometeo fue eternamente encadenado a una roca donde cada mañana llegaba un águila para comerle el hígado, que se le regeneraba cada noche (adelantándose así este fenómeno en miles de años a la investigación sobre las células madre, clonado terapéutico y regeneración de los tejidos).

Si el fuego otorgó al ser humano la capacidad para crear su propio entorno, si el fuego nos dio la capacidad para la tecnología, hoy hemos adquirido también la capacidad para crear vida, si no en su totalidad, al menos sí alguna de sus partes. La nueva disciplina de la biología sintética así lo atestigua. Parece que la frontera última que separaba al ser humano de los dioses está a punto de ser franqueada.

No nos asustemos. Si el ser humano puede un día crear vida será gracias a lo que haya aprendido estudiándola e imitándola. Lo que el ser humano intenta hacer para crear vida es analizarla y estudiar su mecánica para imitarla y mejorarla para sus fines. Imaginemos unos alienígenas que llegan a la Tierra y, sin saber nada de ordenadores, deciden dedicar su tiempo a estudiar científicamente cómo están construidos. Poco a poco, el conocimiento adquirido con este estudio les permitiría comprender las bases de su funcionamiento, que de todas formas siempre estaría de acuerdo con las leyes de la física. Es más, los alienígenas se darían seguramente cuenta de que estos modernos aparatos son modulares, es decir, están formados por partes, por módulos, formados a su vez por varios elementos que cumplen determinadas funciones. Se darían cuenta también de que es la combinación de esas partes lo que hace que los ordenadores puedan ejercer diferentes funciones. Es fácil que llegaran a la conclusión de que, añadiendo o quitando componentes, podrían diseñar y construir ordenadores diferentes de los terrestres, con dispositivos nuevos y mejor adecuados a las necesidades alienígenas.

Algo similar a lo anterior está sucediendo con los seres vivos, al menos con las células. Los biólogos han podido descubrir que las células son, en realidad, un sistema complejo formado por sistemas más simples que interaccionan entre sí para dar lugar a todas las funciones de la vida. Por ejemplo, la célula cuenta con su centro de mando, el ADN de su núcleo; posee máquinas que fabrican los componentes que necesita para su funcionamiento y adaptación a las necesidades del entorno; tiene sistemas, en definitiva, que cumplen de manera organizada todas las funciones necesarias para la vida. Es posible pues pensar que si somos capaces de diseñar y fabricar sistemas nuevos con la misma base de funcionamiento que los sistemas vivos, podremos así crear nuevos seres sintéticos con las funciones que deseemos y con propiedades diferentes de las encontradas en la Naturaleza, aunque sigan funcionando, por supuesto, de acuerdo a las leyes de la misma.

El diseño y la construcción de estos sistemas es ya una realidad en varios laboratorios del mundo. Es el nacimiento del campo científico de la biología sintética, quizá la que será la biología del siglo XXI. La construcción de estos sistemas, por el momento a nivel molecular, y su introducción en células vivas, ha conseguido crear ya ciertas curiosidades, pero también seres vivos nuevos con una utilidad determinada.

Entre las curiosidades se encuentra el diseño y fabricación de un determinado circuito genético y su introducción en bacterias, lo cual ha conseguido que estas emitan pulsos de luz al unísono, algo nunca antes visto en la Naturaleza. Entre las cosas útiles, se encuentra el diseño de otro circuito genético que permite convertir a bacterias inofensivas del suelo en útiles detectores de minas antipersona. El circuito genético consigue crear un sistema que logra que las bacterias produzcan varias sustancias coloreadas según la concentración de TNT en el suelo (TNT presente en las minas y que es siempre exudado en pequeña cantidad por estas). Evidentemente, esto tampoco existía antes en la Naturaleza.

Estos progresos auguran mayores avances y desarrollo futuro. La idea es la de ir construyendo sistemas modulares, como los de los ordenadores, cada vez más complicados y funcionales, que puedan combinarse entre sí para ir formando seres vivos progresivamente más complejos y con propiedades útiles e inexistentes en el mundo vivo. Al igual que los ordenadores y otros aparatos electrónicos han ido mejorando con el tiempo al irse diseñando y creando mejores componentes y sistemas para los mismos, de la misma manera se pretende ir creando seres vivos cada vez más complejos con facultades nuevas que nos resulten útiles.

Por supuesto, no se escapa a nadie, tampoco a los científicos, que jugar a aprendices de brujo, en este caso a aprendices de dioses, puede conllevar sus riesgos. Cuando, al principio de los años setenta, se comenzó a disponer de tecnología que permitía modificar el ADN, en 1975 se estableció una moratoria para su uso para dar tiempo a la elaboración de normas que regularan su empleo, sin por ello impedir el avance de la investigación. Gracias a esto, ni un solo accidente grave ha sucedido con organismos genéticamente modificados. Ante la capacidad que ahora comenzamos a disponer para crear nuevas propiedades de la vida, sería quizá conveniente que se siguiera el ejemplo establecido hace casi tres décadas y se elaboraran cuanto antes normas que regularan su empleo. Solo así podremos estar seguros de que esta tecnología se usará en beneficio de la salud y de la Humanidad.

26 de abril de 2004

Rechazo Corporal

Los avances de la cirugía han hecho posible que los trasplantes de órganos sean hoy bastante comunes, aunque no son coser y cantar y una de las complicaciones más corrientes es el rechazo del trasplante por el sistema inmune del receptor. Las células inmunes del trasplantado se dan cuenta de que a pesar de ser un hígado, un corazón, u otro órgano funcionalmente idéntico al que el cuerpo tenía antes, no es, sin embargo, molecularmente idéntico. El órgano trasplantado es reconocido como extraño, lo que pone en marcha los mecanismos inmunológicos de rechazo, que conllevan la muerte de las células del órgano trasplantado por las células inmunes del receptor.

Otro problema considerable de los trasplantes es que es necesario esperar la muerte de un congénere para recibir determinado tipo de órganos. Esta es la razón por la que la clonación posee tanto interés médico. Con esta esperanzadora tecnología, se podrían regenerar órganos defectuosos con células nuevas, a partir de células madre de la misma persona, con lo cual el rechazo no se produciría.

Sin embargo, aunque el rechazo de un órgano trasplantado es en lo que casi todo el mundo piensa cuando hablamos de rechazo, también es posible el rechazo del cuerpo por el propio órgano trasplantado. En este caso, es el órgano recibido el que ataca al resto del cuerpo del receptor, sobre todo ciertas partes del mismo, como la piel, el hígado y el intestino. ¿Cómo es esto posible?

Afortunadamente, no tenemos noticia de que un hígado recién trasplantado monte en cólera por haber perdido a su dueño y decida iniciar un ataque contra el organismo receptor. Y es que el caso del rechazo del organismo entero por el órgano recibido solo sucede en un caso particular: el trasplante de médula ósea, es decir, del órgano que se encuentra en el centro de nuestros huesos.

Normalmente, los trasplantes de médula ósea se emplean para tratar determinados tipos de cánceres, como las leucemias, que son cánceres propios precisamente de algunas de las células del sistema inmune. En este caso, los pacientes son tratados con quimioterapia y a veces con radioterapia mediante rayos X o rayos gamma. Este tratamiento mata a todas las células que están creciendo activamente, por lo que elimina también a las células madre del sistema inmune que se encuentran en la médula ósea y de las que derivan todas las células maduras de la sangre y del sistema inmune.

Sin células de la sangre y sin sistema inmune que funcione, la vida es imposible. Por esta razón, la terapia anterior solo es posible porque se puede reconstituir el sistema inmune del paciente a partir de la médula ósea de un donante. Algunas veces, el donante es el propio paciente. Esto es posible porque antes del tratamiento con radioterapia y quimioterapia, se puede extraer un poco de su médula ósea, que es tratada convenientemente para eliminar las células cancerosas que pueda contener. Esto es más fácil de hacer en estas condiciones que en el cuerpo del paciente. Tras el tratamiento con radioterapia, las células de la médula ósea son inyectadas al paciente de nuevo, y estas son capaces de reconstituirle el sistema inmune.

No obstante, algunas veces no es posible trasplantar las propias células de la médula ósea del paciente. En este caso, se hace necesario encontrar a un donante compatible con él. Excepto en el caso de hermanos gemelos, la compatibilidad total es imposible, por lo que los fenómenos de rechazo más o menos intensos son casi inevitables. Cuando las células del sistema inmune se desarrollen a partir de la médula ósea recibida, identificarán al cuerpo en el que se encuentren como extraño, por lo que lo atacarán para eliminarlo. Esto es lo que se llama enfermedad de injerto contra huésped, porque el trasplante (injerto) ataca al paciente (huésped).

No todos los órganos son igualmente atacados en el caso de esta enfermedad, y la piel es uno de los más sensibles. Desde hace algunos años, los investigadores se han dado cuenta de que esto es así debido a la presencia de un tipo particular de células en la piel, las células de Langerhans, las cuales no tienen nada que ver con las células del mismo nombre, presentes en el páncreas, que producen insulina.

Las células de Langerhans son un tipo especial de células que sirven para enseñar a las células del sistema inmune lo que es propio y lo que es extraño. Por ejemplo, en el caso de la penetración de un microrganismo a través de la piel, unas de las primeras células con las que se encuentra son las células de Langerhans. Estas células lo fagocitan y lo digieren, tras lo que presentan en su superficie algunas de las moléculas del microrganismo para que los linfocitos encargados de la defensa las puedan detectar y puedan aprender que un enemigo anda cerca.

Lo mismo sucede con los trasplantes de médula ósea. En este caso, las células de Langerhans del paciente muestran en su superficie moléculas del propio paciente, como es normal, para indicar que esas células no son extrañas y no han sido infectadas o se han encontrado con microorganismos alguno. Sin embargo, los linfocitos derivados del trasplante de médula ósea proveniente de otra persona sí identifican, primero a esas y luego a otras células del cuerpo, como extrañas.

Por esta razón, se piensa que eliminar a las células de Langerhans de la piel antes de realizar el trasplante de médula ósea será beneficioso. Hasta ahora no se conocía una manera de hacerlo, porque esas células, curiosamente, resisten a los tratamientos de quimio y radioterapia que, sin embargo, acaban con el resto de las células del sistema inmune.

Por fortuna, estudios recientes publicados en la revista *Nature Medicine* indican que, sorprendentemente, una manera de eliminar a estas células es simplemente mediante radiación ultravioleta, similar a la que nos pone morenos, a la que sí parecen sensibles. Esto abre una nueva avenida para impedir el desarrollo de la enfermedad de injerto contra huésped que de momento solo puede ser controlada con fármacos inmunosupresores. Estos, claro está, no son la mejor alternativa en este caso, ya que lo que queremos con el trasplante es precisamente reconstituir un sistema inmune funcional y no suprimirlo.

Siempre es agradable ver cómo, en ocasiones, avances significativos suceden de la manera más inesperada y simple. Definitivamente, si tratar a los pacientes con rayos ultravioleta consigue evitar la enfermedad de injerto contra huésped, se habrá dado un importante paso en la mejora de los trasplantes de médula ósea.

3 de mayo de 2004

Nanordenadores Biológicos

Si A LA mayoría de nosotros nos preguntan qué es un ordenador, responderemos que es una máquina que permite procesar información, conectarnos a Internet y que nuestros hijos se cuezan la cabeza con videojuegos. Todos pensaremos en una compleja máquina electrónica que tiene conectado un teclado, un monitor, y el ineludible ratón y que funciona con electricidad. Sin embargo, un ordenador puede ser muy diferente.

En realidad, un ordenador es una máquina programable y predecible. Esto quiere decir que esa máquina ha sido configurada para seguir un programa. En este sentido, la lavadora y el lavavajillas de nuestras casas son también ordenadores, puesto que siguen un programa definido. La predictibilidad supone que dada una serie de condiciones iniciales, la máquina se pondrá en movimiento para darnos un resultado final que será siempre el mismo mientras la máquina funcione bien, por supuesto.

Así pues, de manera general, un ordenador es una máquina que dada una condición inicial (*input*) nos dará un resultado final (*output*). Mientras escribo esto, utilizando un ordenador clásico, a cada pulsación de una tecla (*input*) corresponde que la letra correspondiente aparezca en la pantalla (*output*). Por supuesto, puede haber ordenadores más simples, y también mucho más pequeños.

Algunos quizá recordarán esa entrañable película titulada "Viaje Fantástico", producida en el año 1966. En ella, un equipo de médicos y científicos son miniaturizados en el interior de un submarino que es entonces introducido en las entrañas (de ahí lo de entrañable) de un hombre en estado de coma debido a la presencia de un coagulo en alguna región de su cerebro. El hombre posee importantes secretos sobre los rusos, información que se perderá si muere, por lo que es imperioso salvarle la vida. Este es el objetivo que los miniaturizados científicos deben conseguir.

La nanotecnología actual está muy lejos de poder conseguir semejante hazaña. Es más, miniaturizar a seres humanos es absolutamente imposible, aun por el más tenaz de los japoneses. Sin embargo, lo que sí es posible es construir nanomáquinas, nanorrobots, que dadas unas condiciones iniciales, puedan actuar para producir un resultado final. Es decir, es posible construir máquinas moleculares que funcionen de manera similar a un ordenador simple y que dadas unas condiciones determinadas se pongan en funcionamiento para hacer algo útil.

Un tipo muy interesante de nanordenador ha sido recientemente construido por un equipo de científicos del instituto Weizmann de Israel. El nanordenador sigue un programa muy simple que permitirá quizá, entre otras cosas, ayudar en el tratamiento de ciertos tipos de tumores.

¿Cómo puede construirse un nanordenador? ¿De qué está hecho? En este caso el ordenador no contiene transistores, disco duro, y mucho menos un ratón. Tampoco necesita electricidad para funcionar, ni nos permite conectarnos a Internet. En este caso, el ordenador está formado por moléculas de ADN, la sustancia portadora de la información genética.

Vamos a intentar explicar aquí como funciona esta megamaravilla de la nanotecnología ultramoderna. Es ya bien sabido que el ADN está formado por una hilera de cuatro moléculas cuyo orden varía para almacenar la información genética. Estas cuatro moléculas, representadas por las letras A, T, C y G se unen dos a dos, la A siempre con la T y la C siempre con la G. Esto quiere decir que si, por ejemplo, fabricamos una molécula de ADN con la secuencia ATCCGG, esta se podrá unir a otra molécula de ADN con la secuencia TAGGCC. Esta secuencia se dice que es complementaria de la anterior. Esto significa, por tanto, que una molécula de ADN puede ser usada para detectar a otra que tenga una secuencia de letras complementaria que pueda unirse a la primera.

Algunos tipos de tumores se caracterizan precisamente por la presencia de mutaciones en algún gen que causan la malignidad celular. Estas mutaciones no son sino cambios en la secuencia del ADN de la célula tumoral, por lo que este cambio, si sabemos cuál es, puede detectarse mediante la fabricación de una molécula de ADN que tuviera la secuencia de letras adecuada como para unirse al ADN mutado.

Sería aun mucho mejor que la molécula de ADN que se fabricara a tal efecto estuviera unida a algún tipo de mecanismo que, tras la unión al gen mutado, liberara un fármaco, o algún tipo de molécula, que fuera capaz bien de matar a la células cancerosas, bien de reparar la mutación que es la responsable de su malignidad.

Este tipo de mecanismo es el que los investigadores del Instituto Weizmann han construido. Estos científicos han fabricado, pues, un nanordenador que dada una condición molecular inicial produce un resultado final. La condición inicial es la presencia de una secuencia de ADN mutado que su mecanismo puede detectar. Si el ADN no está mutado, nada sucede, pero si lo está este nanorrobot se une al mismo mediante una molécula de ADN de secuencia complementaria. Esta unión desencadena un mecanismo que libera otra molécula de ADN diferente, capaz de actuar sobre el gen mutado y modificar su funcionamiento de manera que el crecimiento de la célula cancerosa no sea tan rápido o incluso pueda detenerse.

Estos avances científicos parecen tan fantásticos como "Viaje Fantástico", sino más. Sin embargo, como todos los avances, queda aún mucho por hacer hasta que podamos tomarnos una píldora de nanorrobots para el tratamiento del cáncer, del infarto de miocardio, de la impotencia, de la depresión o de cualquier otra enfermedad que queramos imaginar. No es menos cierto que, poco a poco, la ciencia y la medicina han producido avances que en muchos casos ni siquiera la ciencia-ficción había imaginado. Por mi parte, estoy convencido de que este que acabo brevemente de describir es el embrión de uno de tales avances que promete mejorar y alargar la vida de todos quienes vivan en un país con un sistema sanitario moderno, y en el que la ciencia, la medicina y la Investigación permitan utilizarlo con garantías de éxito y con completa seguridad. Parece que a pesar de las dificultades que todos sabemos, Israel va en el buen camino. ¿Será España también uno de estos países?

10 de mayo de 2004

Ultraconservación Genética

Aunque no he hablado nunca en detalle de esto, he dicho quizá ya demasiadas veces en estas páginas que la ciencia, lejos aún de disminuir la ignorancia que seguimos teniendo sobre el mundo que nos rodea y sobre el mundo que nos hace como somos, la aumenta. Esto es así porque, en general, para cada pregunta que logramos responder generamos dos o más, la mayoría de las veces insospechadas, para las que no tenemos todavía respuesta. Así, nuestro conocimiento sobre el mundo aumenta, pero al mismo tiempo aumenta también el conocimiento sobre la magnitud de nuestra ignorancia, que con cada descubrimiento parece crecer en lugar de disminuir. Podría mencionar numerosos ejemplos de esto, pero me limitaré al que sigue.

Todos sabemos ya que la secuenciación del genoma humano ha supuesto un avance significativo del conocimiento que poseemos cobre nosotros mismos. Más aun, la secuenciación de los genomas de otras especies supone un mayor acúmulo de conocimiento que permite también que podamos empezar a conocer, al menos desde el punto de vista genético, qué es lo que nos diferencia de otras especies hermanas, como el chimpancé; qué es lo que nos hace humanos.

La manipulación de este conocimiento permite explorar cuestiones antes imposibles. Por ejemplo, permite explorar el número de genes que generan a una u otra especie, las características de los mismos, sus similitudes y sus diferencias. Esto antes no era posible, o era mucho más difícil.

Encontrar una similitud o una diferencia en los genomas de dos individuos en una simple letra entre las más de tres mil millones de letras que componen nuestro genoma puede generar numerosas cuestiones de difícil respuesta. ¿Es esta diferencia indicativa de algo? ¿Es el fruto de una mutación que ha sufrido un proceso de selección natural o es una mutación aleatoria que no ha tenido tiempo aún de ser eliminada o fijada por aquella? Estas y otras preguntas científicas quizá nunca puedan ser respondidas para la mayoría de las diferencias encontradas en los genomas de los individuos de nuestra especie y también para la mayoría de las diferencias existentes entre los genomas de nuestra especie y otras especies, como el chimpancé o el ratón.

Si encontrar la razón de las diferencias entre los genomas de dos individuos o de dos especies diferentes puede resultar complicado, igualmente complicado, o aun más, resulta encontrar la razón de las similitudes e identidades entre dos genomas dados. Esto es lo que se deriva de un reciente trabajo, publicado en la prestigiosa revista *Science*, en el que unos investigadores de la Universidad de California se dedicaron a comparar los genomas humano, de chimpancé, de ratón, de perro, de una especie de pez, de calamar y de la mosca del vinagre. Lo que los investigadores encontraron es la existencia de 480 regiones de ADN, de más de 200 letras de longitud, que son idénticas o casi idénticas en el genoma de todas esas especies, menos el calamar y la mosca. Esto quiere decir que esas 480 regiones, diferentes entre sí, pero idénticas entre las especies mencionadas, han sido conservadas desde la evolución de los peces a la especie humana.

La conservación sin cambio alguno de una región tan larga de ADN desde el pez al ser humano es tan improbable (muchísimo más que que nos bese Brad Pitt) que es prácticamente imposible que suceda al azar. Esto quiere decir que dicha región es tan importante para esas especies que cualquier cambio puede hacerla incompatible con la vida, o al menos mucho menos eficaz para su funcionamiento, lo que provoca la eliminación de los cambios por la selección natural.

Sería fácil saber cuál es la posible función de esas regiones si se encontraran en el interior de los genes, pero no es así. Por si acaso lo has olvidado, te recuerdo que la mayoría del ADN de nuestro genoma no forma parte de los genes. Muy al contrario, solo un 5% del genoma contiene genes, y el 95% del mismo, no. Ese 95% restante fue llamado alguna vez ADN basura, puesto que no parecía ejercer función alguna. Cuanto más sabemos sobre el genoma, más inadecuado parece ese nombre.

Sin embargo –lo ha adivinado–, es sobre todo en el ADN "basura" donde se encuentran las regiones ultraconservadas que los investigadores han encontrado. Es evidente que si esas regiones son conservadas porque su función es importante para la vida, no pueden ser basura, sino todo lo contrario, a pesar de que sean regiones que no formen parte de los genes.

Así pues, ya lo ve, el conocimiento no ya de uno, sino de varios genomas de diversas especies ha permitido realizar un descubrimiento que de nuevo pone en evidencia la magnitud de nuestra ignorancia. A partir de aquí, debe llevarse a cabo nueva investigación para paliar esta nueva ignorancia recientemente descubierta ¿Qué hacen esas regiones, para qué sirven, por qué se conservan a lo largo de millones de años de evolución cuando lo normal es que el ADN de los propios genes difiera entre las especies?

Por supuesto, contamos ya con varias hipótesis científicas que intentan explicar cuál es la función de estas secuencias tan conservadas. Por ejemplo, se piensa que es muy probable que algunas de ellas sirvan de elementos de control para el funcionamiento de los genes, o que otras sirvan para regular el crecimiento embrionario, que es muy similar en las especies que cuentan con estas secuencias conservadas.

Al margen de cómo pueden funcionar estas secuencias, lo que me parece más importante es lo que esas secuencias nos dicen sobre la evolución de las especies, incluida la nuestra. Y nos dicen que algunas secuencias de los genomas de especies que van de los peces al ser humano han encontrado su estado óptimo, un estado en el que cualquier cambio parece imposible. Esto me sugiere que esas secuencias del genoma deben ser fundamentales, como los cimientos y columnas de un edificio, a partir de los cuales pueden, en efecto, construirse casi infinitos edificios distintos, casi infinitas especies. Parece pues que no todo es posible para dar fundamento a un genoma que funcione. Y, de nuevo, parece que la relación entre nuestra especie y las demás es más estrecha de lo que históricamente hemos aceptado. Sin embargo, seguro que estos datos no van a ser la única sorpresa que nos aguarda sobre nuestros genomas. Estemos atentos para maravillarnos de nuevo en el futuro sobre cómo estamos hechos y cómo funcionamos.

17 de mayo de 2004

Gen y Can

Hace algo más de un año, la revista estadounidense *Science* publicaba un estudio genético en el que se demostraba que el perro había sido domesticado a partir del lobo hace unos 15.000 años, en una región del este de Asia. A partir de esta región del planeta, el perro había colonizado la Tierra entera de la mano de su mejor amigo, el ser humano. Incluso los perros americanos provienen de los asiáticos, como demuestran estos estudios, lo que a su vez revela que la especie humana, en su colonización del continente americano a partir del asiático atravesando el estrecho de Bering, iba ya acompañada de este fiel amigo nuestro.

Los estudios anteriores nos revelan también que todas las razas de perros conocidas se han producido por la selección efectuada por los seres humanos en un tiempo máximo de 15.000 años. Desde los grandes mastines a los enanos chihuahuas, pasando por perros pastores, sabuesos y bulldogs, la selección artificial efectuada por el ser humano ha generado mayor diversidad morfológica y psicológica entre las razas de perros que la que encontramos entre diferentes especies de otros caninos, como el coyote y el zorro, por ejemplo. Es una indicación de lo que nuestra especie podría hacer consigo misma en relativo poco tiempo, de poner en marcha procedimientos de selección de los "mejores". El "Mundo Feliz" de castas genéticas esbozado por Aldous Huxley en su novela del mismo título está sin duda a nuestro alcance.

Sin embargo, la diversidad en forma o carácter entre dos razas de perro no es suficiente como para poder afirmar categóricamente que se trata, en efecto, de razas diferentes. No sucede esto con nuestra especie, por ejemplo. Por más que un blanco, un negro y un esquimal parezcan diferentes razas, los estudios genéticos demuestran que no es el caso. Esto es así porque las diferencias genéticas encontradas entre los individuos de la misma "raza" pueden ser mayores que las diferencias genéticas encontradas entre individuos de "razas" diferentes, es decir, puede suceder que un individuo de "raza" blanca sea genéticamente más diferente de otro de la misma raza que de un individuo de "raza" negra. En el sentido genético, las razas humanas no existen, por más que nos empeñemos en que sí, basados en mínimas diferencias sin importancia, como el color de la piel o la forma de la nariz o los ojos. Y eso que hace mucho más de 15.000 años que el ser humano ha colonizado el planeta en el que todavía vive.

Con estos datos sobre el ser humano, y con tan poco tiempo empleado para generar todas las aparentes razas caninas de las que podemos disfrutar, cabía preguntarse si las razas de perros eran razas genéticas de verdad o solo lo eran en apariencia. Si son razas de verdad, las diferencias genéticas entre perros de la misma raza deberían ser menores que las diferencias entre perros de razas diferentes.

Esta es la pregunta que ha intentado responder un grupo de investigadores en varios centros de investigación de los Estados Unidos, en un estudio colaborativo. Estos investigadores estudiaron la distribución de marcadores genéticos en ochenta y cinco razas de perros. Los marcadores genéticos son secuencias determinadas de ADN que se encuentran dispersas en los cromosomas. Normalmente, estas secuencias son muy similares entre individuos genéticamente muy relacionados y diferentes entre individuos menos genéticamente relacionados. Secuencias similares se encuentran en nuestros cromosomas y su estudio permite la realización de las famosas pruebas de ADN, que últimamente sirven para identificar qué trozo de cuerpo pertenece a qué resto de individuo.

Los estudios de estas secuencias marcadoras de ADN han permitido responder afirmativamente a la pregunta anterior. Es decir, a diferencia de la especie humana, las razas de perros son verdaderamente razas genéticas y no solo razas morfológicas o cromáticas. Basados en los marcadores genéticos, los investigadores podían asignar a qué raza pertenecía un perro determinado (sin ver su foto, claro está) con una exactitud del 99%.

Estos estudios nos revelan además un dato interesante. Genéticamente hablando, todas las razas de perros pueden agruparse en cuatro grupos más estrechamente relacionados entre sí. El primero de esos grupos incluye a razas caninas más estrechamente relacionadas con el lobo, como los Huskys siberianos y perros asiáticos. A este grupo se añaden otros tres que corresponden más o menos a los perros pastores, los perros cazadores, y los perros guardianes. Parece pues que el carácter de las razas de perro, sus aficiones y sus cualidades, dependen de sus genes, como no podía ser de otro modo, ya que han sido genéticamente seleccionados por el ser humano.

Todo lo anterior es muy curioso y quizá interesante para algunos, pero ¿sirve para algo? Y bien, por Buda, ¡sí! ¿Es que hay conocimiento que no valga para nada, nunca? Mientras reflexiona sobre esta pregunta, déjeme que le diga que durante la selección y generación de las razas caninas, se han ido seleccionando a la vez también enfermedades genéticas asociadas con ellas. Los perros sufren de unas trescientas cincuenta enfermedades genéticas diferentes. Por ejemplo, algunas razas tienen predisposición genética a la sordera, y otras a desarrollar leucemias.

Por consiguiente, estos estudios genéticos pueden ayudar a identificar qué genes son los responsables de estas enfermedades en las distintas razas caninas. Además de poder ayudar a que nuestros mejores amigos gocen de mejor salud, el conocimiento sobre los genes que causan enfermedades en los perros es de utilidad para nosotros, porque es muy posible que el mismo gen esté involucrado en el desarrollo de enfermedades similares en nuestra propia especie. De esta manera, el perro puede no servirnos solo de guardián, de sabueso o de pastor, sino de herramienta para la investigación médica. Algo que los genios que hace más de 15.000 años se atrevieron a comenzar con la domesticación del lobo jamás pudieron ni soñar. Algo que nos dice que quizás lo que hacemos hoy, lo que logramos conocer hoy aparentemente sin utilidad alguna, puede servir a nuestros descendientes en un futuro más o menos lejano.

31 de mayo de 2004

¿Comprenden Palabras Los Perros?

El otro día, tuve ocasión de contemplar una de esas excentricidades a las que los británicos son tan aficionados, y que de vez en cuando emite algún telediario para que, tras mostrarnos las crudas realidades del mundo, nos olvidemos de ellas lo antes posible. Se trataba de una carrera en la que participaba un caballo solo. Bueno, solo del todo, no. El caballo tenía que intentar vencer a un galgo. Se dio la salida, soltando la liebre mecánica que el galgo debía perseguir. El jinete azuzó al caballo, y équido y canino dieron la reglamentaria vuelta al hipódromo a toda velocidad. El galgo llegó a la meta algo más de un segundo por delante del caballo, lo que a esas velocidades supone más de quince metros de distancia.

Este hecho me hizo reflexionar, y me indujo pensamientos que años de deformación profesional, pero de formación científica, esas imágenes no podían sino estimular. Resultaba que una raza de perro derivada, como todas, del lobo hace tan solo unos quince mil años, pero seleccionada por el ser humano para correr velozmente, era más rápido que un caballo, una especie animal que durante millones de años había evolucionado para incrementar su talla y velocidad y escapar así a los predadores que la cazaban para alimentarse. Era extraordinario –pensé.

Este ejemplo nos da una idea de las posibilidades de evolución de algunas especies. Era pues posible que, al igual que se había podido seleccionar una cualidad física en el perro y crear un galgo desde el lobo, quizá se hubiera podido igualmente seleccionar cualidades intelectuales deseadas en nuestro mejor amigo. No hay duda de que cuando hablamos con los dueños de perros, sobre todo de ciertas razas, estos se muestran muy orgullosos de lo listos que son sus compañeros, de lo que parecen comprenderlos. Nunca dejan de sorprenderse de la inteligencia que demuestran.

¿Podría ser que estas facultades intelectuales de los perros fueran resultado de una selección artificial por parte del ser humano? Este sería el caso si se pudiera demostrar, por ejemplo, que los perros son capaces de comprender, al menos en parte, el lenguaje humano. Esta cualidad, de ser posible, hubiera sido muy importante para la selección de perros pastores, que necesitan seguir instrucciones precisas, vocales y gestuales, de sus dueños.

No cabe duda, sin embargo, de que criados juntos desde la infancia, un niño aprende a hablar, pero ningún perro consigue semejante hazaña, por el momento. Sin embargo, esto no quiere decir que los perros no puedan haber adquirido cualidades de aprendizaje del lenguaje muy superiores a los de sus padres los lobos.

Y esto es lo que un grupo de investigadores sostienen, en un artículo publicado recientemente en la prestigiosa revista científica *Science*. Los investigadores estudiaron las habilidades lingüísticas de un perro pastor, de nombre Rico. El dueño de Rico insistía en las increíbles capacidades de aprendizaje de vocablos de su perro, pero eso no era suficiente para que nadie creyera que en efecto, Rico era un perro excepcional.

Para demostrarlo, había que llevar a cabo experimentos controlados. Es bien conocido que caballos u otros animales cuyos dueños aseguraban que sabían sumar o multiplicar, en realidad no lo hacían. Los animales averiguaban el resultado correcto de una operación porque habían aprendido a detectar movimientos inconscientes de sus dueños que indicaban cuándo se pronunciaba o se mostraba el resultado correcto de la operación matemática que tenían que resolver. Por consiguiente, la mejor manera de saber si Rico había aprendido el significado de algunas palabras era probar sus capacidades en ausencia de su dueño.

Para ello, los investigadores colocaron diez objetos que Rico conocía en una habitación cerrada. Rico tenía que entrar en ella y sacar el objeto nombrado por su dueño, quien se encontraba en otra habitación desde la cual no podía ser visto por Rico, es decir, que si el dueño de Rico le ordenaba que trajera el calcetín, por ejemplo, Rico no podía observar, al acercarse a este objeto, la reacción de su dueño, quien quizá por movimientos inconscientes pudiera indicar a Rico que ese era el objeto que debía traer. Por su puesto, si era así como Rico operaba con el lenguaje, eso quería decir que no sabía en realidad el sentido de las palabras que se le decían.

No fue ese el caso. Sin ver nada más que los objetos de la habitación, Rico traía casi sin equivocarse nunca el objeto que se le había indicado. Con estos experimentos, los investigadores determinaron que Rico conocía el significado de más de doscientas palabras en inglés, algo que, lamentablemente, supera la capacidad de la mayoría de los hispano hablantes.

No acababan aquí las habilidades lingüísticas de Rico. Una de las capacidades que los humanos poseemos es la de aprender palabras nuevas cuando se nos presenta un objeto desconocido. Rico también posee esta capacidad. Así, si se ponían nueve objetos que Rico conocía y uno desconocido para él y se indicaba a Rico que trajera ese objeto, Rico también lo hacía. Al llegar a la habitación, Rico era capaz de comparar en su mente la palabra nueva, que se le había dicho por primera vez, con las palabras que Rico conocía se correspondían con los nueve objetos conocidos. Rico era capaz de deducir que la nueva palabra correspondía al objeto desconocido y era este el que traía. Y tampoco acaban aquí las maravillosas cualidades de Rico. Cuando un mes más tarde, se incluía de nuevo este objeto con otros nueve y se indicaba a Rico que lo trajera, Rico así lo hacía, demostrando recordar la nueva palabra aprendida un mes antes, es decir, demostrando poseer una capacidad de aprendizaje ¡similar a la de los seres humanos!

Las habilidades lingüísticas de Rico son superiores a las de los chimpancés, nuestra especie hermana, los cuales nunca han demostrado poseer la capacidad de aprendizaje rápido de vocablos que Rico y los humanos poseemos. Sin embargo, Rico está muy lejos de poseer las capacidades lingüísticas propias de nuestra especie y los investigadores aún no tienen claro si realmente Rico establece lazos referenciales entre los vocablos y los objetos que estos nombran.

De lo que no me cabe duda, sin embargo, es que el lobo, el ancestro de Rico, no posee ni de lejos habilidades semejantes. Esto demuestra que la convivencia entre esa especie y la humana desde hace tan solo quince mil años ha generado razas de perros capaces de demostrar habilidades muy útiles para nosotros, no solo la velocidad, o la fuerza, sino también una limitada comprensión del lenguaje humano.

21 de junio de 2004

Pseudociencia Mortal

La pseudociencia, como su nombre indica, no es otra cosa que falsa ciencia. Muchas son las disciplinas que se pretenden científicas, pero que no lo son, o no lo son completamente. Todas ellas fallan en algo fundamental: no utilizan el método científico (o lo utilizan mal) para la adquisición del conocimiento sobre el universo que nos rodea. Este método, basado en la observación y en la experimentación, es el único que ha demostrado ser eficaz para adquirir conocimiento seguro.

Son numerosas las disciplinas pseudocientíficas que se tienen por verdaderas ciencias. La astrología, por ejemplo, se basa, entre otras cosas, en la idea de que la posición de los astros en el momento del nacimiento influye en el carácter o en el destino de las personas. Por lo que sé, esto no está científicamente demostrado, al margen de las numerosas objeciones que se pueden poner a esta idea por lo que la ciencia ha descubierto sobre lo que en realidad influye en el carácter de las personas, en particular los genes y la educación.

Sin embargo, creer o no en la astrología no es un problema serio. Ni siquiera si creemos que lo que nos dice es cierto y está científicamente demostrado. Igualmente, creer que en los pliegues de la piel de nuestra mano se encuentra escrito nuestro futuro, o que según se quemen unos ajos o caigan unos posos de té conseguiremos o no el amor que deseamos, en principio, tampoco es cuestión de vida o muerte.

Sin embargo, creer determinadas cosas sí puede ser cuestión de vida o muerte. Y nada hay más peligroso que creer que ciertas prácticas médicas, cuanto menos cuestionables, son mucho más eficaces que las establecidas por la ciencia y la medicina para curar algunas enfermedades. Por ejemplo, es peligroso creer que en lugar de la terapia que podemos recibir en un hospital, un cáncer de pulmón puede curase mejor tomando infusiones de extractos de caracoles marinos, o respirando solo por un agujero de la nariz, pongamos por caso.

Esto no quiere decir que no puedan existir más terapias que las ya establecidas por la medicina, o que no existan medicinas alternativas. Sí quiere decir que debemos tener extremado cuidado con aquellos que nos prometen curas milagrosas y procedimientos extraordinarios o poco ortodoxos para curar nuestros males, males que, en ocasiones, quizá no puedan ser curados en manera alguna, ni por la medicina establecida ni por la alternativa.

Si es peligroso que el paciente de una enfermedad crea en procedimientos exentos de todo sentido común para tratar sus males, más peligroso es aun que lo crea el médico. De esto tampoco estamos libres en el mundo desarrollado y la historia de una niña estadounidense de diez años, Candace Newmaker, así lo ilustra.

Candace era una niña adoptada desde los seis años de edad que, según su madre adoptiva, presentaba problemas de conducta. Los "especialistas" consultados por la madre, que en EE.UU. no es necesario que sean licenciados en psicología como aquí, diagnosticaron a Candace con un desorden afectivo, resultante de las deficiencias de afecto sufridas por ella en su infancia temprana.

Para este desorden afectivo, los "especialistas" se habían "inventado", sin disponer de evidencia alguna, una terapia especial, llamada, con grandes dotes de imaginación, terapia afectiva (traduzco literalmente del inglés). Esta terapia se basaba en la teoría de que si el normal vínculo afectivo no se formaba entre padres e hijos en los dos primeros años de vida, este vínculo podía formarse más tarde.

De acuerdo con esta teoría, desgraciadamente, para formar esos vínculos hacen falta métodos expeditivos. El niño debe ser encerrado y confrontado para que libere la rabia contenida causada por la falta de afecto. El proceso se repite hasta que el niño, exhausto, es reducido a un estado "infantil". En ese momento, los padres acunan al niño, y le dan un biberón (sic ¿?!!) para establecer así un nuevo vínculo afectivo.

Candace fue sometida a este tipo de terapia en un centro "acreditado" y por un "especialista" de cierto renombre. El tratamiento tuvo lugar en presencia de la madre adoptiva y grabado en video, lo que fue determinante en el juicio subsiguiente. De acuerdo a lo que en él se reveló, durante un día de este tratamiento, cubrieron la cara de la niña ciento treinta y ocho veces, le agitaron o golpearon la cabeza trescientas noventa y dos veces y le gritaron en la cara a corta distancia ciento treinta y tres veces. Si no lo estaba antes, era una manera segura de volverla loca.

Aparentemente, estos métodos no dieron el resultado apetecido, no redujeron a Candace a un estado suficientemente infantil, por lo que lógicamente se pasó a utilizar otros que el "especialista" creía más eficaces. Estos consistieron en envolver completamente a Candace en una sábana de franela y cubrirla con cojines. Una vez hecho esto, varios adultos, con un peso total de unos trescientos kilos, se sentaron sobre ella para que así pudiera nacer de nuevo. Al parecer, el montaje representaba a Candace dentro del útero materno, así como la presión de la madre durante las contracciones para que la niña saliera de allí y volviera a nacer.

No voy a dar más detalles, son muy desagradables. Solo diré que estas prácticas consiguieron asfixiar a la niña. A pesar de sus gritos y de sus súplicas, a pesar de que había vomitado sobre su propio cuerpo, nadie se dio cuenta del drama. Todo se hacía en aras de una terapia para un desorden de conducta que ni siquiera estaba claro que Candace sufriera. En el lado positivo, encontramos el hecho de que el "especialista" fue condenado a dieciséis años de prisión. Demasiado tarde. A Candade la había matado la pseudociencia.

Sirva este ejemplo para ilustrar lo que tantas veces defiendo: que la educación científica y la racionalidad mejoran nuestras vidas e incluso pueden salvarnos de la muerte. Para mí, es evidente que una persona racional, con conocimientos generales de ciencia y con sentido común, no lleva a su hija a un "especialista" de esta clase, o si lo hace, no tarda ni dos minutos en llevársela de allí y depositar la correspondiente denuncia en el juzgado. No podemos dejarnos engañar por la pseudociencia ni por los pseudocientíficos, sean estos pseudomédicos o adivinos, que se aprovechan de la ignorancia de los demás. Para lograrlo, necesitamos un buen sistema educativo y estar activamente bien informados. Espero que, un día no muy lejano, todos seamos por fin conscientes de ello.

28 de junio de 2004

Humanos Al Huso

Mientras escribo estas palabras, me encuentro en Bruselas participando en el proceso de evaluación de proyectos de investigación europeos en varias áreas del saber. Una de las iniciativas de investigación puesta en marcha por la Comisión Europea lleva en sugerente nombre de "¿Qué significa ser humano?" Aunque esta pregunta era hasta hace muy poco una pregunta filosófica, se ha convertido progresivamente en una pregunta a la que la ciencia puede responder desde diversos puntos de vista que se extienden desde la genética hasta la psicología y la lingüística.

Decía Shakespeare, a través de uno de sus más famosos personajes, que la cuestión es ser o no ser. Personalmente, creo que lo que Shakespeare quería decir es que sentir que se es, darse cuenta de que se es, o no sentirlo ni darse cuenta, es la verdadera cuestión. A una piedra le tiene sin cuidado ser o no ser, solo un ente con consciencia de sí mismo puede preocuparse por su existencia y el significado de la misma. Esto quiere decir que la consciencia es una propiedad nuestra que puede explicarnos, si algún día entendemos lo que es, lo que significa ser humano.

Estamos aún lejos de que la ciencia pueda explicarnos en qué consiste la consciencia del ser. Sin embargo, no es solo la consciencia lo que nos hace humanos. Otras muchas características nos distinguen en mayor o menor grado de los animales, aunque ninguna de esas características, y tampoco la consciencia, supongan una discontinuidad brusca, una ruptura con el mundo animal. Seguimos siendo animales, no hay más que volver la mirada al interior de un estadio de fútbol estos días pasados para eliminar cualquier duda sobre esta afirmación.

Entre las características que nos hacen humanos indudablemente debemos incluir el lenguaje, tanto hablado como escrito, nuestros cerebros de gran talla con relación al cuerpo o la capacidad de usar herramientas complejas. Sin embargo, no es menos cierto que quizá el núcleo de nuestra humanidad no se encuentre en nuestra inteligencia, sino en nuestras emociones. La capacidad de amar, de simpatizar con el prójimo, de sentirnos culpables o de adivinar el estado de ánimo de los demás, la capacidad, en suma, para adaptarnos con rapidez a los cambios de un complejo entorno social, es capital para nuestra humanidad. Por otra parte, creo que la mayoría de nosotros estamos de acuerdo en que lo que más nos diferencia de las máquinas no es nuestra capacidad para pensar, sino nuestra capacidad para sentir. Al fin y al cabo, hay máquinas que juegan al ajedrez como campeones, pero ¿acaso hemos fabricado una máquina capaz de amar como una madre, ni siquiera como un inspector de hacienda?

Y si estas capacidades son las que nos hacen humanos, para la ciencia no hay duda de que su naturaleza, su funcionamiento, su existencia, depende del funcionamiento de las células que se encuentran en nuestros cerebros, en particular de las neuronas. Desde los tiempos de nuestro insigne premio Nobel, don Santiago Ramón y Cajal, sabemos que nuestros cerebros no son una mera masa de materia, sino que, como los demás órganos, están formados por células individuales interconectadas. Que nuestra individualidad y sentido de identidad pueda ser el resultado del funcionamiento colectivo de células cerebrales es un descubrimiento cuyas implicaciones, en mi opinión, la Humanidad está aún lejos de aceptar.

El cerebro no solo está formado por neuronas, otras células se encuentran también en él y son esenciales para su buen funcionamiento. A pesar de que contamos hoy con tecnologías impensables hace unos años hasta para las neuronas de Ramón y Cajal, algunos investigadores siguen utilizando un buen microscopio, como don Ramón y Cajal, para seguir estudiando el cerebro. Es así como dos investigadores del Centro Médico Monte Sinaí en Nueva York, descubrieron que una zona específica, el llamado córtex cingulado, de los cerebros de pacientes muertos por enfermedad de Alzheimer contenía menos células de un determinado tipo que los cerebros de sujetos normales.

¿Qué células son estas? No se trata de neuronas, sino de unas células en forma de huso, fusiformes, cuya talla es mucho mayor que la talla de una neurona. La organización de estas neuronas en el cerebro humano sugirió a los investigadores que quizá su función fuera muy especial. Por esta razón, decidieron estudiar si estas neuronas se encontraban también en los cerebros de otros animales.

Cincuenta especies de primates y monos han sido estudiadas hasta la fecha. Los resultados son claros. Solo los cerebros de chimpancés, bonobos, gorilas y orangutanes contienen células de este tipo. Los cerebros de gibones y otros monos más primitivos no contienen este tipo de células. No cabe duda pues de que la presencia de estas células es característica de los cerebros de los primates más próximamente relacionados con el ser humano.

No solo la presencia de estas células es interesante, sino también su número. Los orangutanes poseen solo unas pocas, mientras que los seres humanos contamos con decenas de millares. Los chimpancés, bonobos y gorilas poseen un número intermedio. Así pues, a medida que evolutivamente nos acercamos desde el orangután al ser humano, el número de estas células en el cerebro aumenta.

Esta situación era de lo más intrigante. ¿Acaso estas células tenían que ver con nuestra humanidad? De ser así, estas células deberían encontrarse en regiones del cerebro involucradas en las funciones cognitivas que nos hacen humanos. El córtex singular no es una de ellas ya que es una región del cerebro evolutivamente muy primitiva. Los investigadores se pusieron a la tarea y descubrieron que, además de esta región, las células fusiformes se encontraban también en una región del cerebro llamada el córtex frontoinsular, que se encuentra en una zona del cerebro cercana a los ojos. Por más que buscaron, no encontraron estas células en ninguna otra región del cerebro.

Este hallazgo es importante, porque se sabe que precisamente el córtex frontoinsular es una región que ejerce una función muy importante en la respuesta emocional, en particular en nuestras reacciones frente a nuestros semejantes. Por ejemplo, se activa cuando una madre oye llorar a su hijo o cuando un ser querido sufre. Por consiguiente, es muy posible que las células fusiformes desempeñen un importante papel en el buen funcionamiento de las capacidades humanas, en particular la empatía y la sensibilidad hacia el otro.

Y ojalá que así sea, porque quizá esté así a nuestro alcance en el futuro la capacidad de curar, mediante terapia celular y células madre, una de las enfermedades más terribles de nuestra era, la inhumanidad e insensibilidad ante el sufrimiento humano, que la televisión nos demuestra todos los días.

5 de julio de 2004

La Ciencia Del Aire Acondicionado

Quien pueda permitírselo, estos días de calor que se avecinan instalará en su casa, chalet, o apartamento, un aparato de aire acondicionado. Todo el mundo sabe que este aparato, tras presionar un botón, mágicamente convierte el aire caliente en frío, consumiendo en el proceso notables cantidades de energía eléctrica. En otras palabras, la mayoría de nosotros no sabemos o hemos olvidado cómo funciona esta maravilla de la tecnología ¿Qué ciencia hace posible esta magia?

La energía eléctrica es, paradójicamente, utilizada también en muchos de nuestros hogares para calentarlos en el frío invierno. Esto nos resulta mucho más familiar. La electricidad, al pasar por unas resistencias, las calienta, calentando a su vez el aire que las rodea, que suele ser el de nuestra habitación o salón. Así funcionan también otros aparatos familiares, como el secador de pelo o las placas de vitrocerámica. Sin embargo, es evidente que el aire acondicionado no puede funcionar calentando resistencias.

Para comprender cómo funciona el aire acondicionado, y de paso nuestro refrigerador, que lo hace también mediante el mismo principio, solo tenemos que comprender unos conceptos fundamentales de la física de los gases. El primer científico que se dedicó a estudiar las propiedades de los gases, en particular la relación que existía entre el volumen y la presión, fue el señor Robert Boyle, nacido en 1627. Este Irlandés descubrió que existe una relación inversa entre la presión y el volumen de los gases, si mantenemos la temperatura constante. En otras palabras, si disminuimos el volumen de una cantidad constante de gas manteniendo su temperatura, su presión aumenta. Puede usted hacer el experimento presionando un globo lleno de aire. Igualmente, si aumentamos el volumen donde esa cantidad de gas se encuentra, su presión disminuye.

Sin embargo, era también interesante estudiar qué sucedía con la presión y el volumen de un gas cuando la temperatura cambiaba. Los primeros en estudiar el efecto de la temperatura sobre el volumen y la presión de un gas fueron los científicos franceses Jacques Charles y Joseph Gay Lussac, quienes independientemente llegaron a la conclusión de que la presión de un gas aumenta con la temperatura si se mantiene el volumen constante y, lo que es más importante para entender cómo funciona el aire acondicionado, que la temperatura de un gas aumenta si se aumenta la presión, pero disminuye si se disminuye la presión.

Resultaría demasiado largo explicar aquí por qué los gases se comportan de esa manera, pero no hay duda de que lo hacen. Y sabiendo cómo se comportan, puede utilizarse este comportamiento para nuestros fines, en este caso, enfriar una habitación de nuestra casa, o nuestro apartamento entero. Veamos cómo.

Para enfriar una habitación o nuestro refrigerador, sin introducir nada frío, está claro que deberemos sacar el calor de su interior. Debemos pues idear una manera de hacerlo, y utilizar los gases es la mejor manera de conseguirlo.

La dificultad estriba en cómo transportar calor de un sitio frío a uno más caliente. Resulta evidente que, en verano, a pesar de las altas temperaturas, nuestra casa está más fría en general que el exterior. Por otra parte, es bien sabido por todos que el calor nunca se mueve de los cuerpos fríos a los calientes, así que ¿qué podemos hacer para conseguir precisamente eso, es decir, que salga el calor de nuestra habitación al exterior?

Y bien, sabiendo que los gases se calientan al aumentar la presión y se enfrían al disminuirla podemos hacer lo siguiente. Podemos fabricar un circuito cerrado de tuberías y depósitos con un gas al cual se le va a comprimir y a expandir en determinados lugares de ese circuito. Para enfriar nuestra habitación, el gas debería expandirse en la parte del circuito localizada el interior de la misma. De esta manera se enfriaría y, al enfriarse, absorbería calor de nuestra habitación. Posteriormente, ese gas que ha absorbido el calor de la habitación, enfriándola en el proceso, sería transportado a otra parte del circuito localizado en el exterior de la casa, donde se ejercería un trabajo sobre él para comprimirlo y aumentarle la presión. Un motor realizaría el trabajo de comprimir el gas, trabajo que consume la energía eléctrica necesaria para el funcionamiento del aparato, pero esta energía no es desaprovechada, porque al ser empleada para comprimir el gas, consigue que este aumente su temperatura y que lo haga de tal manera que sea superior a la temperatura exterior. Ahora, puesto que el gas comprimido está más caliente que el aire exterior, puede liberar el calor fuera. Este calor, lo han adivinado, es el mismo que ha absorbido antes de nuestra habitación cuando estaba expandido.

Así pues, la magia del aire acondicionado no consiste sino en expandir un gas en el interior de nuestra habitación. El gas, al enfriarse durante la expansión, absorbe calor que luego es liberado al medio ambiente comprimiendo el mismo gas en el exterior de nuestras casas. Esta es la razón por la que las máquinas de aire acondicionado disponen de dos componentes, uno que se coloca dentro y otro fuera de nuestras viviendas. Y esta es también la razón por la que consumen tanta energía, ya que para comprimir el gas en cada ciclo se requiere un considerable trabajo, como también pueden comprobar si intentan comprimir con sus manos el aire dentro de un globo.

El mismo principio de expansión y compresión de gases funciona en nuestros refrigeradores. Si miran en la parte trasera de alguno de ellos, podrán observar parte del circuito de tubos por los que el gas se desplaza y es comprimido o expandido. Aquí, como se trata solo de enfriar un espacio reducido, virtualmente dentro de un armario, no es necesaria tanta energía eléctrica. Por otra parte, puesto que la energía se utiliza para conservar alimentos por más tiempo, es amortizada con creces.

El calentamiento global que estamos padeciendo, unido a nuestra cada vez mayor demanda de confort, han disparado el consumo de aparatos de aire acondicionado. Es bueno saber que no funcionan a base de magia. Es bueno saber por qué consumen energía para conseguir sus efectos, y es bueno saber que esa energía consumida, por desgracia, puede contribuir a agravar el calentamiento global. Así pues, disfruten ustedes de su aire acondicionado con moderación, el planeta se lo agradecerá, por no mencionar también a su bolsillo.

12 de julio de 2004

La Vejez y La Mitocondria

EL TIEMPO PASA, nos vamos poniendo viejos, dice una conocida canción de Pablo Milanés. ¿Quién puede negar esa evidencia? Sin embargo, la cuestión científica es: ¿Por qué? ¿Es acaso necesario envejecer? ¿Envejecen las moléculas, los átomos? ¿Entonces, por qué nosotros?

En diversas ocasiones he hablado en estas páginas del proceso de envejecimiento y de sus causas biológicas. He contado que un grupo de científicos descubrieron que unos genes en el cromosoma cuatro parecen aumentar o disminuir la longevidad, según sean sus características. Igualmente hemos discutido aquí que una menor ingesta de calorías parece alargar la vida de animales de laboratorio, desde la mosca hasta el ratón.

Sin embargo, no se conocen aún a ciencia cierta las causas del envejecimiento. Por supuesto, los animales de laboratorio que comen menos envejecen, y también lo hacen las personas con genes que confieren una mayor longevidad. La vejez se retrasa, pero nunca se detiene. ¿Qué es lo que causa este inexorable proceso?

Existen diversas teorías para intentar explicarlo. Una de las más aceptadas apunta el dedo hacia unos compuestos llamados radicales libres. Los radicales libres nada tienen que ver con una amnistía concedida en una revolución política, sino que son, podríamos decir, moléculas a las que les falta algo para estar completas. Esa falta les confiere una elevada reactividad química y, por esa razón, reaccionan con cualquier molécula que encuentran a su paso, modificándola. Si esta molécula es el ADN, los radicales pueden causar mutaciones que se van acumulando progresivamente, degenerando la información genética de las células y afectando de este modo poco a poco a su correcto funcionamiento, además de crear la posibilidad de causar algún tipo de cáncer.

Entre los genes cuyas mutaciones podrían estar relacionadas con el envejecimiento se encuentran los genes de las mitocondrias. Las mitocondrias son unas pequeñas bolsas en el interior de las células que contienen la maquinaria para la generación de energía. Estas bolsas se originaron en un pasado remoto cuando dos organismos primitivos se fusionaron y colaboraron para favorecer su supervivencia. Uno de estos organismos proveyó al otro con protección y alimento y el otro proveyó al uno con mayor eficiencia energética. Poco a poco este segundo organismo se convirtió en una parte del primero especializada en producir energía.

La razón por la que la ciencia sabe que esto sucedió así, mucho antes del nacimiento de los dinosaurios, es por el hecho singular de que las mitocondrias son el único componente de la célula que posee su propio genoma. Las mitocondrias contienen una pequeña cantidad de ADN que guarda trece genes involucrados en la producción de energía.

Es conocido por los científicos que estos genes mitocondriales van acumulando mutaciones, en parte causadas por radicales libres, a medida que los animales vamos envejeciendo. Estas mutaciones podrían afectar a la maquinaria de producción de energía celular e influir en el envejecimiento. Esto, sin embargo, no es suficiente para concluir que las mutaciones en estos genes son la causa del envejecimiento. Otras mutaciones en genes de los cromosomas se producen igualmente durante la vida de los animales y, por consiguiente, es también posible que las mutaciones genéticas sean una consecuencia del envejecimiento, y no su causa.

Para averiguar si las mutaciones en los genes de las mitocondrias son el resultado o la causa del envejecimiento, deberemos realizar, si es posible, experimentos controlados que nos permitan, por ejemplo, aumentar o disminuir la cantidad de mutaciones, es decir, de cambios en el ADN de las mitocondrias y comprobar si estos cambios afectan al proceso de envejecimiento. Este tipo de experimentos no es fácil de realizar, y hasta no hace mucho no era posible realizarlos. Como lo que la fuerza no puede, el ingenio lo vence, hoy es ya posible y se ha llevado a cabo en ratones.

Unos investigadores de varios centros de Finlandia y Suecia han logrado crear mediante ingeniería genética un ratón mutante en el gen de la proteína ADN polimerasa gamma. Esta proteína, de tan raro nombre, es la encargada de realizar las copias del ADN mitocondrial cuando las mitocondrias se reproducen.

Para realizar copias fidedignas de cualquier cosa, incluido el ADN, es siempre mejor comprobar si la copia es fiel a su original después de haberla realizado y, de no serlo, intentar enmendar el error. Esta comprobación y enmienda la lleva a cabo la ADN polimerasa gamma tras haber copiado las moléculas de ADN mitocondriales. Pues bien, los investigadores modificaron, es decir, mutaron, el gen que produce esta proteína y consiguieron así generar una variante que es menos cuidadosa que la normal en la comprobación de las copias de ADN mitocondrial que fabrica. Al ser menos capaz de corregir sus propios errores, estos se acumulan más rápidamente de lo normal en los genes de las mitocondrias de los ratones que contienen este gen mutante.

¿Qué sucede con estos ratones que acumulan más errores de lo normal en sus genes mitocondriales? Para empezar, las mitocondrias de estos ratones tienen disminuida su eficacia en la producción de energía, lo cual era un resultado esperable, pero, además, estos ratones, en efecto, muestran signos acelerados de envejecimiento que incluyen pérdida de peso, caída de pelo, reducción de la fertilidad, curvatura de la espalda y, finalmente, una muerte temprana. Estos síntomas comienzan a aparecer a las veinticinco semanas de vida de los ratones, que corresponderían a un joven adulto, en términos roedores.

Estos experimentos muestran pues que, al menos en parte, el envejecimiento es causado por mutaciones en el ADN mitocondrial. Por supuesto, es muy posible que otras mutaciones en el ADN de los cromosomas contribuyan también al proceso de envejecimiento. No obstante, lo interesante no será descubrir si esto es cierto, sino si es posible crear a ratones "Matusalén", que acumulen menos o casi ninguna mutación en sus mitocondrias. ¿Cuánto vivirán estos ratones? Vivan lo que vivan, esperemos que no invaliden el refrán que dice que a la vejez y a la juventud, espera el ataúd. Aun así, el mercado de compradores y vendedores de tiempo puede quizá iniciarse en este siglo y quienes puedan pagárselo podrán alargarse la vida mediante ingeniería genética. El debate, uno más, está servido.

19 de julio de 2004

Anticonceptivos Jóvenes y Viejos

No sé por qué lo que es bueno y divertido en la vida acaba por causar problemas. Los más sabrosos alimentos son los más perjudiciales, el tabaco causa cáncer, las drogas fríen el poco cerebro que la televisión haya podido dejarnos, y el sexo, el sexo, para muchos actividad casi tan divertida como el fútbol, tiene el vicio de conseguir que nos reproduzcamos, además de ser medio de transmisión de terribles enfermedades, incluida el SIDA.

El ser humano, en particular la mujer, es extraordinaria en el sentido de que parece siempre estar sexualmente receptiva a los favores masculinos. Esta capacidad no es común en el reino animal, y es la que convierte en más imperiosa la necesidad de disponer de métodos anticonceptivos. ¿Por qué las mujeres poseen esta extraordinaria capacidad sexual?

Los investigadores mantienen que esta capacidad se desarrolló al mismo tiempo que se desarrollaba la bipedación. Para poder equilibrar el cuerpo en esta posición, el canal pélvico de la mujer tuvo que estrecharse. Las fuerzas de selección natural que favorecían la bipedación empujaban también hacia la selección de mujeres propensas a partos algo más prematuros, en los que los niños nacían con una talla inferior a la normal, por lo que podían así pasar con mayor facilidad por un canal pélvico más estrecho.

Los nacimientos prematuros costaban un precio: una mayor y más larga dedicación de la madre al cuidado de sus hijos, que nacían en un estado de mayor invalidez. En estas condiciones, las mujeres necesitaban imperiosamente el apoyo de los padres para criar a su prole. En este contexto, las mujeres más receptivas al varón y más deseosas de complacerle sexualmente aumentaban las probabilidades de mantener a su lado a un hombre que le proveía de protección y de alimentos para ella y sus crías. En breve tiempo, las mujeres que no estaban siempre sexualmente activas se extinguieron y las características genéticas que permitían a las mujeres estar siempre sexualmente receptivas a los hombres se diseminaron por toda la Humanidad.

La elevada receptividad sexual de las mujeres vino, como es obvio, acompañada de una mayor capacidad reproductiva que hizo necesario inventar y usar métodos anticonceptivos. Todas las civilizaciones y culturas que se precien han inventado sus propios métodos anticonceptivos. Así, las mujeres egipcias de la antigüedad se introducían en la vagina, previamente a la relación sexual, una mezcla de miel y de excrementos de cocodrilo. La viscosidad de la miel debía de impedir el avance de los espermatozoides, cuya existencia no se conocía aún en aquellos años, claro está. No obstante, lo más efectivo debía de ser el excremento de cocodrilo que, por su acidez, se cree que impediría la fecundación, que solo sucede en condiciones de acidez bien controladas. A pesar de esto, podemos decir sin temor a equivocarnos que, en términos de su eficacia, este método anticonceptivo era un… excremento.

Hoy en día, aunque no sea gracias a Dios, sino a la ciencia, disponemos de mejores métodos. El conocimiento de los procesos hormonales que controlan la ovulación y la menstruación ha hecho posible manipularlos. Así, la ovulación es inhibida por las hormonas progestina y estrógenos, que son producidos por el ovario. La caída en la concentración sanguínea de estas hormonas es la que desencadena la menstruación y una nueva ovulación. Por tanto, si mantenemos artificialmente elevadas las concentraciones de estas hormonas, la ovulación no se producirá. Este es el principio de la famosa píldora anticonceptiva que se desarrolló en los años cincuenta y se comercializó en los años sesenta, no sin polémica y sin batalla entre grupos religiosos y progresistas en defensa de los derechos de la mujer. La idea es controlar las concentraciones de hormonas femeninas de manera que la ovulación no se produzca, pero la menstruación, sí.

Recientemente, se han desarrollado métodos encaminados a mantener una concentración elevada de hormonas en sangre sin necesidad de tomarlas cada día. Uno de estos métodos es el implante subcutáneo. Este consiste en unos tubos de material plástico que liberan cantidades controladas de progestina. Pueden durar de tres a cinco años y durante ese tiempo, no es necesario recordar tomar la píldora diariamente para estar protegida contra un embarazo indeseado. Un método más cómodo aun de anticoncepción hormonal de larga duración es la anilla vaginal. Esta consiste en un anillo de unos cinco centímetros de diámetro y cuatro milímetros de espesor que contiene una combinación de hormonas estrógeno y progestina, las cuales son liberadas lentamente. El anillo se coloca en la vagina, donde se deja durante veintiún días y se retira durante siete, coincidiendo con la menstruación. El anillo funciona pues como una píldora que no se toma diariamente, sino mensualmente, y no por vía oral, sino por vía vaginal, lo que quizá también ayude a recordar mejor su propósito.

Una asignatura pendiente es la anticoncepción masculina. En este tema se siguen llevando a cabo investigaciones con resultados prometedores, pero todavía se está lejos de una "píldora" anticonceptiva masculina. Se exploran diversas estrategias anticonceptivas; una de las más recientes y prometedoras es la de la vacunación anticonceptiva. Se ha descubierto que la unión del espermatozoide con el óvulo depende de la presencia de ciertas proteínas en la cabeza de la célula masculina. Se está estudiando la posibilidad de inducir artificialmente la producción de anticuerpos contra esas proteínas, que actuarían como anticonceptivos. Los anticuerpos son proteínas que nuestro sistema inmune fabrica en respuesta a infecciones, pero, en este caso, se utilizaría un protocolo médico, similar a una vacunación, para que el cuerpo masculino los produjera contra sus propios espermatozoides. De esta manera, la fecundación sería imposible, ya que el espermatozoide no podría unirse al óvulo. En el caso de que deseáramos tener un hijo, sin embargo, se administraría una sustancia que se uniría a esos anticuerpos, impidiendo así la unión de estos con los espermatozoides y devolviendo de este modo la fertilidad.

Todas estas investigaciones y otras que se están llevando a cabo prometen la puesta a punto de nuevos e innovadores métodos de anticoncepción masculina y femenina, seguros, baratos, de larga duración y al alcance de todas y todos. Quizá no tengamos que esperar demasiado para verlos disponibles en el mercado. Mientras tanto, podemos hacer uso de los muchos métodos ya disponibles, e incluso de una combinación de los mismos cuando sea conveniente. Lo verdaderamente importante es tener un hijo cuando estemos preparados para ello y lo deseemos verdaderamente. Y es que un hijo es para toda la vida.

16 de agosto de 2004

El Cerebro, Mamá y El Jefe

Todos tenemos un jefe, o una jefa, pero lo peor es que la mayoría de nosotros estamos descontentos con nuestros jefes. Los jefes son normalmente muy criticados aunque, en general, obedecidos, a pesar de todo. Se les suele achacar ignorancia, rigidez, crueldad, incompetencia... Todos los defectos posibles son acumulados por los jefes.

¿Por qué unos llegan a jefes y otros, no? ¿Acaso los jefes poseen características especiales que los demás no poseemos? ¿Acaso poseen atributos genéticos o de otro tipo que les permiten convertirse en jefes? De ser así, ¿está usted destinado a convertirse en jefe, si no lo es ya?

Para responder, o al menos intentar responder, estas preguntas desde el punto de vista científico, es necesario poder estudiar las características de los jefes de manera racional y controlada. Como pocos jefes van a aceptar rebajarse al estatus de animales de laboratorio para ser estudiados científicamente, lo más racional es diseñar experimentos con animales de laboratorio propiamente dichos para ver si así podemos aprender algo de los jefes. Al fin y al cabo, la diferencia entre un animal de laboratorio y un jefe no es demasiada, ¿no cree?

Experimentos de este tipo han sido llevados a cabo con ratas de laboratorio, que son, tras el ratón, los animales de laboratorio por excelencia. Algunos tipos de ratas de laboratorio, cuando se las cría y alimenta en las jaulas tradicionalmente utilizadas en los animalarios de los centros de investigación del mundo, no parecen desarrollar jerarquía social alguna. Las ratas de laboratorio viven así en el más perfecto de los comunismos posibles. Todas las ratas son iguales, y ni siquiera es cierto que haya unas "que sean más iguales que otras". No hay jefes que valgan.

Sin embargo, las ratas en la Naturaleza, en las alcantarillas incluso, sí tienen un orden social establecido. Ahí sí hay dominadores y dominados. Por esta razón, lo primero que los investigadores debieron realizar fue crear un entorno más aproximado al natural para mantener a las ratas de laboratorio. Para ello, elaboraron una especie de vivario con túneles que imitaban mucho mejor que las jaulas el entorno natural de estos roedores y posibilitaban la interacción social entre ellos.

Solamente tres días después de introducir a cuatro machos y dos hembras en el vivario ya se habían establecido relaciones de dominancia entre ellos. Un macho se había erigido en dominante y era el que tenía acceso a las hembras, mientras que los otros tres machos eran sus "subordinados".

Dos semanas después de haberse establecido estas jerarquías, los animales eran sacrificados y sus cerebros eran analizados en busca de diferencias en ellos que pudieran estar relacionadas con la capacidad de convertirse en jefes. Lo que los investigadores encontraron fue que los individuos dominadores mostraban un aumento importante en el número de neuronas de una región particular del cerebro denominada el giro dentado, una región del cerebro en donde ya se había observado con anterioridad que las neuronas se reproducían.

Dos datos importantes indicaron a los investigadores que las neuronas se reproducían exclusivamente en aquellos animales que se convertían en jefes. En primer lugar, ningún animal de la colonia de ratas mantenida en jaulas tradicionales mostraba un aumento en el número de neuronas de sus cerebros. Así pues, las neuronas de los jefes crecían cuando la interacción social entre las ratas permitía que se estableciera una jerarquía. Por otra parte, los animales que no se convertían en jefes no mostraban un aumento de neuronas en el giro dentado.

Sin embargo, había un problema: ¿y sí estos cambios en el cerebro eran causados por la adaptación al entorno nuevo y más complejo del vivero, y no por las propias interacciones sociales?, es decir, ¿y si resultaba que los cambios en el cerebro sucedían como adaptación al nuevo vivero y que esa adaptación era la que permitía que se convirtieran en jefes aquellos mejor adaptados? Para comprobar si esto era así, los investigadores estudiaron los cerebros de las ratas después de que se hubiera establecido su jerarquía, pero trasladadas posteriormente por varias semanas a su entorno normal, a las jaulas tradicionales. Lo que descubrieron fue que los cambios en los cerebros de los jefes se mantenían, por lo que eran causados por la interacción social, y no por el entorno más complejo de los viveros con sus túneles.

Así pues, ¿quién lo hubiera pensado?, al menos en el caso de las ratas, los jefes tienen "más cerebro" que los subordinados, aunque no parece que lo tengan desde el principio, sino más bien una vez que se han convertido en jefes. Nadie sabe qué puede afectar a esa capacidad de las neuronas del giro dentado para reproducirse.

Sin embargo, la capacidad para convertirse en jefes bien puede tener que ver con las experiencias vividas en nuestra infancia. Resulta que establecer una jerarquía en cualquier grupo social causa estrés a los individuos de la misma, y el estrés es en parte el causante de la reproducción neuronal en el giro dentado. Pues bien, estudios muy recientes indican que las experiencias estresantes en la infancia de los animales de laboratorio, como puede ser separarlos de sus madres por periodos más o menos largos, afecta a la capacidad de la reproducción de las neuronas del giro dentado cuando adultos. Esto indica que si el incremento de las neuronas en esa región del cerebro es necesaria para asentarse en una posición alta en la jerarquía social, el haber sufrido una infancia desgraciada, perder a la madre, por ejemplo, puede afectar enormemente a la capacidad de convertirse en líderes.

Por supuesto, nada de esto puede que sea igual para el ser humano que para las ratas de laboratorio, a pesar de que nos parecemos a ellas más de lo que desearíamos. De todas formas, dado el "cerebro" que muchos líderes mundiales parecen poseer, quizá suceda lo mismo, incluso con mayor razón, en nuestra especie. Y es que parece que para ser jefe no es necesario ser muy inteligente, condición quizá obligatoria para permitir un aumento en el número de neuronas, neuronas que los inteligentes ya han adquirido por otros medios. Si Bush y otros grandes líderes mundiales, incluso españoles, ceden su cerebro a la ciencia (sería este el mejor uso dado a sus cerebros hasta la fecha) quizá podamos un día saberlo.

23 de agosto de 2004

Alzheimer y Omega-3

No dejan de aparecer más y más productos alimenticios en el mercado ricos en los famosos ácidos grasos insaturados omega-3. En estas mismas páginas, explicaba hace unos meses qué eran estos ácidos grasos y por qué eran importantes. Decía entonces que, además de ser necesarios para que fabriquemos otras importantes moléculas, como las prostaglandinas, resulta que, si no consideramos el contenido en agua, el 60% del cerebro está formado por grasa, sobre todo, grasa insaturada. Los ácidos grasos insaturados omega-3 son muy importantes para mantener la fluidez de las membranas de las células, que están formadas por grasa. El concepto de la fluidez puede entenderse muy bien si nos damos cuenta de que la mantequilla es sólida a temperatura ambiente, pero el aceite es líquido. La mantequilla contiene grasa saturada y el aceite es grasa insaturada. Las grasas insaturadas son más fluidas que las saturadas, lo que resulta imprescindible para permitir que la adecuada dinámica de las membranas de las células vivas, en particular la de las neuronas.

Cuando no poseemos suficiente grasa insaturada, la plasticidad de las membranas se logra mantener introduciendo colesterol en ellas. Esta es en parte la razón por la que comer grasa saturada eleva los niveles de colesterol. Comer grasas insaturadas disminuye la necesidad de introducir colesterol en la membrana de las células, por lo que este también disminuye en nuestro cuerpo, evitando así que se acumule en las arterias y las pueda obstruir.

Es este beneficio de los ácidos grasos omega-3 el que más se "vende" para precisamente vender más productos ricos en estos ácidos grasos. Es cierto que su consumo reduce el nivel de colesterol, y parece bien demostrado que una dieta rica en estos ácidos grasos, por ejemplo tomar pescado dos o tres veces por semana, es muy sana para mantener un sistema circulatorio en buen estado y evitar la obstrucción de las arterias por placas de colesterol que pueden dar lugar a infartos de miocardio o cerebrales, entre otros problemas. Además de esto, se ha comprobado que el ácido docosahexenoico, abreviado como DHA, el más importante de los ácidos grasos omega-3, ejerce un efecto positivo en diversas enfermedades que incluyen la hipertensión, la artritis, la aterosclerosis, la depresión, el desorden de hiperactividad y atención en los niños, la diabetes en el adulto, la trombosis y también algunos cánceres.

El hecho de que el cerebro sea tan rico en ácido DHA ha motivado a los investigadores a estudiar más detalladamente qué sucede en este órgano si este ácido graso no es consumido en la dieta de manera adecuada. Así, se sabe hoy que el aprendizaje y la memoria son procesos que dependen de la buena organización y plasticidad de las sinapsis entre las neuronas, y el DHA es fundamental para que esta plasticidad sea la adecuada, es decir, la capacidad de aprendizaje es influida de manera muy importante por la adecuada ingesta de ácido DHA, y una dieta pobre en este ácido graso bien puede influir en el fracaso escolar de muchos niños.

Por si todo esto fuera poco, el consumo de DHA en la dieta se ha revelado como protector de la temible enfermedad de Alzheimer, una enfermedad en la que se pierde la memoria, no solo la memoria para recordar dónde hemos aparcado el coche, sino progresivamente la memoria para reconocer a nuestros seres queridos y hasta para recordar quiénes somos.

Los científicos desconocían cómo se llevaba a cabo el efecto protector del ácido DHA en el cerebro y también carecían de una medida de su importancia, es decir, no sabían la cuantía de su contribución para proteger de la aparición y progresión de la enfermedad de Alzheimer. Por estas razones, un grupo de investigadores de la universidad de California, en Los Ángeles, se propusieron estudiar el efecto del DHA en ratones que desarrollan una enfermedad similar a la de Alzheimer en el ser humano. Ya he explicado también en otras ocasiones que se han generado muchas estirpes de ratones que desarrollan enfermedades similares a algunas de las humanas, y que se emplean en los laboratorios como medio para investigar maneras de curar o paliar dichas enfermedades.

Utilizando pues a estos ratones que desarrollan Alzheimer, los investigadores les suministraron o bien una dieta enriquecida en ácido DHA o bien una dieta muy pobre en este ácido graso omega-3, y estudiaron los efectos de estos tratamientos. Lo que encontraron es extremadamente interesante. En primer lugar, los ratones que consumían una dieta enriquecida en DHA durante más de tres meses poseían mucha mayor cantidad de este ácido graso en sus cerebros que los que consumían una dieta pobre en DHA. Esta mayor concentración de DHA en el cerebro estaba asociada con el mantenimiento de una memoria espacial mucho mayor, como demostraban los resultados de tests a los que los animales eran sometidos para medir esta capacidad.

No acaban aquí los hallazgos. Al estudiar en detalle molecular los cerebros de ambos ratones, observaron que las sinapsis de aquellos ratones mantenidos con una dieta rica de DHA contenían concentraciones superiores de dos proteínas necesarias para su buen funcionamiento, es decir, de acuerdo con estos estudios, el ácido DHA afecta la bioquímica de las sinapsis de una manera que no está relacionada únicamente con su función para mantener una membrana más fluida, sino que modifica la presencia de determinadas proteínas que son necesarias para la buena comunicación entre las neuronas. Estos resultados son tanto más espectaculares en cuanto que se han encontrado en unos ratones genéticamente determinados para desarrollar la enfermedad de Alzheimer.

Aunque ratones y seres humanos no son iguales, al menos no en todo, estos estudios sugieren que consumir una dieta adecuada en ácido DHA y ácidos omega-3 puede prevenir la aparición de la enfermedad de Alzheimer, por lo menos en algunos casos. Más estudios controlados serán necesarios en seres humanos para determinar con precisión la extensión de este efecto, además de que también serán aconsejables estudios para comprobar si el DHA puede mejorar la condición de los enfermos de Alzheimer. Mientras tanto, deje de comer rabitos de pasa para la memoria, que no funcionan. Coma más sano, más pescado y menos carnes, quesos, chorizos y jamón, sin tener tampoco que privarse completamente de ellos, no sea que acabemos con una depresión.

13 de septiembre de 2004

Inteligencia X y La Evolución Humana

HACE YA MÁS de dos años, explicaba en estas páginas que de los dos cromosomas sexuales, el X y el Y, el cromosoma X contiene más de doscientos genes relacionados con el desarrollo cerebral y las capacidades intelectuales. De hecho, los análisis realizados tras la secuenciación del genoma humano indican que el cromosoma X contiene más genes relacionados con las habilidades cognitivas y la capacidad intelectual que el resto de los otros veintidós cromosomas juntos.

Decía también entonces que esto supone que el cromosoma X ejerce una influencia fundamental en las capacidades intelectuales que podamos heredar. Estos descubrimientos explicaban también por qué los varones tienen mucha mayor incidencia de retraso mental que las mujeres, lo cual es un hecho clínicamente demostrado.

Las capacidades intelectuales no solo dependen de la herencia, por supuesto, sino que la educación y el ambiente de estímulo intelectual en la que un sujeto se desarrolle tiene también una influencia muy importante. Probablemente, si Einstein o Newton, con sus capacidades intelectuales extraordinarias, hubieran nacido en una tribu africana, sin por ello querer despreciar a estas tribus en lo más mínimo, no hubieran logrado desvelar, como hicieron, parte de los secretos del universo. Sin embargo, es claro igualmente que sin contar con unas capacidades intelectuales innatas la genialidad es imposible.

Me adentraba entonces en terreno más polémico, incluyendo mi propia aportación independiente en estas páginas, hoy corroborada por otros científicos, diciendo que si la herencia de la inteligencia dependía sobre todo del cromosoma X, esto no solo explicaba una mayor incidencia de retraso mental en los varones, sino también una mayor incidencia de inteligencia "genial" en los mismos. ¿Por qué? Como es bien sabido, las mujeres poseen dos cromosomas X, mientras que los varones solo poseen uno. Esto implica que si durante los procesos de recombinación genética que suceden en el momento de producción de las células sexuales en la mujer, se produce un cromosoma X excepcional, en caso de tener esa mujer un hijo, heredará dicho cromosoma de su madre. Este será el único cromosoma X que ese niño poseerá, lo que le conferirá una capacidad intelectual innata también excepcional. Sin embargo, en caso de tener esa mujer una hija, esta heredará el cromosoma excepcional de su madre, pero recibirá de su padre otro cromosoma X que, salvo que el padre sea un genio a su vez, lo cual es muy raro, muy probablemente no será excepcional. En este caso, este cromosoma disminuirá la influencia del cromosoma excepcional, y la inteligencia genética de la hija no será tan elevada.

Este fenómeno genético ayuda a explicar, al margen de las desigualdades históricas entre los sexos, por qué, además de haber más retrasados mentales varones, también la Historia cuenta con genios que suelen ser del sexo masculino. Estos varones, además de tener la ventaja, muchas veces injusta con respecto a sus hermanas, de haber recibido una adecuada y estimulante educación, tuvieron la suerte de heredar de sus madres un cromosoma X excepcional.

Que los genes de la inteligencia se encuentren sobre todo en el cromosoma X explica también por qué el componente genético de la genialidad no es normalmente transmitido a las generaciones siguientes. Los hijos de los genios heredan su cromosoma X exclusivamente de sus madres, claro está, por lo que no reciben los geniales genes de su padre. Las hijas de los genios, heredan el cromosoma X excepcional de su padre, pero heredan también otro cromosoma X de su madre que, salvo en casos de suerte mayúscula, es normal y disminuye la influencia del cromosoma X paterno. En la siguiente generación, la hija del genio generará cromosomas X nuevos por recombinación de los dos cromosomas X que posee, destruyendo probablemente en el proceso el cromosoma X excepcional heredado de su padre, que hubiera podido transmitir a su hijo, el cual no podrá heredar así las geniales capacidades de su abuelo.

De lo que no había hablado todavía en estas páginas es de por qué el cromosoma X contiene tantos genes relacionados con la inteligencia. ¿Por qué durante la evolución de nuestra especie, nuestro genoma se ha reorganizado de manera que el cromosoma que determina el sexo determina también en buena manera la capacidad intelectual genética?

Para explicar esto, hay que entender que las cualidades que dependen de los genes, si estos se encuentran en el cromosoma X, se manifiestan inmediatamente, y de manera pura, en los individuos de sexo masculino. En el caso de la inteligencia, que tan importante cualidad ha resultado para la supervivencia de la especie humana, la presión evolutiva actuaba en nuestra especie de manera que los genes de esta cualidad se acumularan en el cromosoma X y sus mutaciones más ventajosas pudieran así manifestarse de manera inmediata en los varones. Estas cualidades de inteligencia en los varones eran las más deseadas por las hembras primitivas de nuestra especie, como también lo son por las mujeres de hoy en día, a quienes creo que suelen gustarles los hombres inteligentes, aunque no sean un Adonis. Y es que eran los varones más inteligentes aquellos que más podían ayudar en tiempos primitivos a conseguir una mayor supervivencia de la familia y, sobre todo, contribuir a la mayor supervivencia de sus hijas. Estas habían recibido un bagaje de buenos genes de su padre que podrían, de sobrevivir lo suficiente, transmitir a su descendencia. De esta manera, gracias a la contribución de ambos sexos, cada uno en su papel, los varones como herramienta de manifestación inmediata de las cualidades de la inteligencia dependientes del cromosoma X, y las hembras como herramienta principal de generación de nuevas variantes de genes de ese cromosoma X, poco a poco los mejores genes de la inteligencia fueron seleccionándose y acumulándose en ese cromosoma.

Así, la Naturaleza, en su sabiduría, aun manteniendo unos niveles de inteligencia genética media exactamente iguales en mujeres y hombres, ha encontrado en estos últimos una herramienta para seleccionar los mejores genes de la inteligencia, produciendo más retrasados mentales, pero también más hombres muy inteligentes, incluso genios. Al final, la contribución de ambos sexos y la presión de la selección natural para conseguir mejores cualidades intelectuales, consiguió configurar la capacidad intelectual de la especie humana en su conjunto, una capacidad que le ha permitido llegar a comprender sus propios orígenes y los mecanismos que nos han convertido en lo que hoy somos. Un logro excepcional que yo creo no se ha repetido muchas más veces en todo el universo.

20 de septiembre de 2004

Bacterias, Radiactividad y Cáncer

Siempre que leía en el pasado sobre el holocausto nuclear, que aparentemente ya no es un peligro inminente para la Humanidad, solía encontrarme con el comentario de que los únicos seres vivos que sobrevivirían a semejante catástrofe serían las cucarachas. Estos insectos muestran una enorme resistencia a los efectos de la radiación, que a buen seguro inundaría el planeta en caso de guerra nuclear preventiva, o punitiva.

Sin embargo, en caso de que las cucarachas tampoco resistieran, sabemos hoy que aún quedarían las bacterias, mejor dicho, al menos una especie de bacteria no patógena llamada *Deinococcus radiodurans* que, como su nombre indica, es muy resistente a la radiación, nada menos que unas dos mil veces más resistente que un ser humano.

La comprensión de los mecanismos de resistencia a la radiación es importante porque, por ejemplo, la radiación es utilizada para tratar ciertos tipos de cánceres, cuyas células, normalmente, aumentan la resistencia a este tipo de tratamiento y se hacen prácticamente insensibles a él. Comprender por qué esas bacterias son tan resistentes a la radiación podría ser pues muy importante para entender cómo otras células, incluidas las cancerígenas, desarrollan dicha resistencia.

Para comprender por qué unos organismos son más resistentes a la radiación que otros, primero hay que comprender por qué y cómo la radiación es capaz de matar. La radiación de la que estamos hablando es, principalmente, la radiación electromagnética de alta energía, es decir, los rayos gamma, que son emitidos por numerosos elementos radiactivos. Estos rayos son capaces de incidir en las moléculas que se encuentran en el interior de las células, dañándolas. En particular, la radiación de este tipo es capaz de afectar al ADN, la molécula de los genes, y romperlo en pedazos.

El ADN es vital. Si está dañado y roto, no puede dirigir, como normalmente hace, la producción de las piezas necesarias para el funcionamiento de la maquinaria celular, y la célula muere. Y si no muere, es posible que la célula se suicide, ya que muchas células pueden detectar daños en su ADN que inducen una reacción molecular conducente a su muerte cuando este daño no puede ser reparado.

Las células disponen de herramientas para reparar el daño que la radiación pueda haber causado a su ADN, aunque estas herramientas no siempre funcionan. En un ambiente con intensa radiación, es evidente que las células que más probabilidades tendrán de sobrevivir serán aquellas que cuenten con una maquinaria de reparación de su ADN más efectiva.

La bacteria *Deinococcus radiodurans* parece poseer una maquinaria de reparación de ADN particularmente eficaz. Por si esto fuera poco, esta bacteria no cuenta con solo dos copias de su genoma, como es nuestro caso, si no que cuenta con de cuatro a ocho copias por célula. Esto hace que si una copia se estropea en un sitio, y otra en otro, puedan repararse los daños combinando las dos copias.

Sin embargo, esto no es suficiente para explicar la enorme resistencia a la radiación de *Deicococcus radiodurans*. Otros mecanismos de protección deben participar en esta resistencia, porque las dosis de radiación que estas bacterias pueden resistir son elevadísimas. Como siempre, más vale prevenir que curar, y prevenir el daño que la radiación pueda causar al ADN es siempre más eficaz que repararlo.

¿Cómo puede evitar una bacteria un rayo gamma? La respuesta es que no puede, pero sí puede minimizar sus efectos. Los daños causados al ADN por los rayos gamma pueden ser daños directos, pero los más importantes son los indirectos. Los daños directos son aquellos causados por los propios rayos gamma incidiendo en la molécula de ADN. Sin embargo, los daños indirectos son daños químicos, causados por la reacción química con el ADN de otras moléculas de la célula que han sido dañadas por la radiación y convertidas en especies químicas reactivas. Entre estas, las especies más dañinas son las especies oxidantes, sobre todo las producidas por la ruptura de la molécula de agua por la radiación. El agua, conocida por muchos también como H_2O, es lo más abundante dentro de una célula, y la radiación también la daña, rompiéndola en H^+ y OH^-. La especie OH^- es muy reactiva y oxidante, y causa mucho daño al ADN si su reacción con él no es impedida de alguna manera.

Impedir esta reacción es lo que las bacterias *Deicococcus radiodurans* han "aprendido" a hacer a lo largo de su evolución para proteger su ADN de los dañinos efectos de la radiación. ¿Cómo logran esto estas bacterias? Investigaciones muy recientes indican que estas bacterias protegen a su ADN gracias al alto contenido de un metal llamado manganeso.

Los científicos compararon la resistencia a la radiación de diversas bacterias que habían acumulado en su interior diferentes cantidades de manganeso. Las bacterias más resistentes eran las que mayor cantidad de este metal acumulaban, pero contenían menores cantidades de hierro de lo normal. Si se disminuía la cantidad de manganeso que las bacterias acumulaban, simplemente haciéndolas crecer en un medio nutritivo pobre en este metal, las bacterias eran mucho más sensibles a los efectos de la radiación.

Se cree que, de alguna manera, el manganeso actúa como protector de los efectos oxidantes de la radiación de los que hemos hablado. Para probarlo, los científicos pretenden ahora crear bacterias resistentes a la radiación a partir de especies que no lo son, modificándolas genéticamente para que acumulen mayor cantidad de manganeso. Habrá que esperar a los resultados de estos estudios para estar seguros.

Mientras tanto, si se demuestra que el manganeso también está implicado en la resistencia a la radiación en las células humanas, si fuera posible eliminarlo o disminuir mucho su contenido en células cancerosas, pero mantener o aumentar su cantidad en células sanas, convertiría a las células cancerígenas en muy sensibles a la radiación, mientras que protegería a las células sanas de la misma. De lograrse esto, la eficacia de la radioterapia para tratar el cáncer podría aumentar de manera importante, con el consiguiente beneficio en vidas humanas.

No me canso de decirlo, investigaciones aparentemente anodinas, en este caso encaminadas a entender mejor cómo viven o sobreviven las bacterias, pueden sernos de una utilidad insospechada en medicina o en otros aspectos de la ciencia y la tecnología. El universo esconde sus secretos en todas partes, y es mejor no dejar de investigar ciertas cosas simplemente porque, en apariencia, no nos sea útil. Es un grave error.

4 de octubre de 2004

HOMO ALTRUISTUS

LA CUESTIÓN DE si el ser humano es bueno o malo por naturaleza y de si la sociedad es la que lo convierte en bueno o, por el contrario, lo corrompe, ha sido una de las más traídas y llevadas por la filosofía y la literatura universales. Muchos pensadores y filósofos de la antigüedad creían que una de las características del ser humano era su egoísmo innato y que todo su comportamiento venía marcado por ese egoísmo. Cualquier tipo de comportamiento altruista, es decir, desinteresado, no era en realidad sino un egoísmo disfrazado de amabilidad o cordialidad, pero egoísmo al fin y al cabo.

La biología moderna vino a dar un apoyo bastante fuerte a estas ideas. Así, el biólogo Richard Dawkins propuso su tesis de los genes egoístas, en la que propugnaba que los organismos no somos sino un mero vehículo para la supervivencia de los genes, es decir, según Dawkins, nuestro cuerpo no es sino una "vasija genética" que solo sirve para trasmitir genes a la siguiente generación. Por supuesto, los genes que nuestro cuerpo contiene tienen el mayor interés en sobrevivir y expandirse, y para ello, inducen en nosotros comportamientos egoístas, encaminados a su mayor beneficio.

Esta teoría explica muchos comportamientos aparentemente altruistas, pero que son en realidad egoístas. Por ejemplo, si un padre sacrifica la vida para salvar la de sus hijos, en realidad, está ayudando a la supervivencia de sus propios genes, ya que salvando los de sus hijos salva en realidad los suyos propios. Visto así, este comportamiento tan noble es egoísta, y no altruista.

Otras teorías intentan también explicar el altruismo en términos de egoísmo disfrazado. Así, la teoría de la reciprocidad sugiere que un comportamiento altruista hacia los demás busca un "pago" en retorno. De nuevo, esto es egoísmo. De la misma manera, la teoría de la buena fama (y échate a dormir) sugiere que un comportamiento altruista consigue "buena fama" para quien lo practica, lo que a la postre le reporta beneficios, aunque estos no sean inmediatos. Egoísmo al fin y al cabo.

Así pues, según esas teorías, el egoísmo parece ser la razón de la cooperación entre seres humanos que caracteriza todas las culturas de la Humanidad. ¿Podemos estar seguros de eso? ¿Realmente somos tan egoístas? No hay nada como la experimentación científica para desvelar la verdad sobre las cosas, incluida nuestra propia naturaleza. Y esto es lo que intentaron hacer un grupo de investigadores de la Universidad de Zürich, en Suiza.

Para comprender mejor las razones de por qué la gente colabora entre sí e incluso ayuda al prójimo, los investigadores efectuaron experimentos fascinantes. En uno de ellos, se reunía a varios grupos de cuatro personas desconocidas entre sí a quienes se permitía comunicarse por medio de un ordenador. Cada una de estas personas recibía veinte euros del experimentador. El experimento consistía en llevar a cabo varias rondas en las que se invertía parte o todo ese dinero para un bien común. No se explicaba en qué consistía ese bien común, pero tras invertir su dinero, cada uno de los participantes, independientemente de lo que hubieran decidido invertir, recibía una bonificación correspondiente a la cuarta parte de un montante correspondiente al 160% de lo invertido. En la ronda siguiente, cada grupo de cuatro personas se reorganizaba al azar, así que los participantes en cada ronda no se encontraban frente a los mismos compañeros de juego. En cualquier caso, el dinero que los participantes ganaran se lo podían quedar.

Un rápido análisis indica que si los cuatro participantes invierten los 20 euros en la primera ronda, todos recibirían 32 euros por cabeza, una ganancia del 60%. Sin embargo, si un aprovechado no invirtiera nada; y los demás, todo, cada participante recibiría 19 euros solamente. El aprovechado que se había guardado los 20 euros hubiera recibido 19 más, y los otros tres habrían perdido un euro en esta operación.

Al jugador movido solo por el interés propio le compensa, pues, no invertir nada. El problema era que si alguien no invertía nada, al final del experimento se le retiraba el dinero y se quedaba sin nada. Por tanto, era necesario invertir para no perder o para ganar lo más posible.

El experimento no acaba aquí. Tras dejar que cada participante decidiera invertir la cantidad que deseara, se informaba a los demás de las cantidades invertidas por cada uno y se daba la posibilidad de castigar a quienes se considerara que no habían invertido con "justicia" lo que les correspondía. El castigo consistía en una multa que el experimentador cobraba y cuyo montante dependía de lo que cada participante decidiera pagar para ponerla. Así si un participante quería poner una multa de tres euros a otro, debía pagar un euro, y si la multa era de seis euros, debía pagar dos, y así sucesivamente.

Los resultados son claros. En seis rondas de este juego, más del ochenta por ciento de los participantes multaron por lo menos una vez a un compañero, y lo hicieron a pesar de que ellos no obtenían beneficio alguno, al menos beneficio económico. Por supuesto, las multas recaían sobre todo en los aprovechados y el montante era tanto más elevado cuanto más aprovechado resultaba el interfecto.

Para comprobar el efecto de la multa, se realizó una versión de este experimento en el que no se podía multar. En esta ocasión el 95% de los participantes invirtieron bastante menos dinero para el bien común que antes.

Así pues, tenemos aquí un ejemplo de comportamiento altruista que no beneficia a quien lo ejerce. El sancionador perdía de su propio dinero para contribuir a aumentar el bien común, no solo a aumentar su propio beneficio. Además, puesto que a cada ronda los participantes cambiaban, el sancionador no podía esperar que su comportamiento le beneficiara en la siguiente ronda, o en rondas sucesivas.

En conclusión, al menos en ciertas situaciones, muchos individuos son verdaderamente altruistas y capaces de sacrificarse por el bien común a pesar de que no obtengan beneficio personal alguno. Este tipo de conducta reside posiblemente también en nuestros genes, ya que en general nuestra educación no nos enseña a ser desinteresados hasta el punto que algunos demuestran. Hoy, se cree que estos individuos altruistas son imprescindibles para la cohesión de los grupos y para que la colaboración entre todos, sin la que nada funciona, siga también funcionando. Y es que los altruistas constituyen un verdadero freno a los egoístas, a quienes, y con razón, sancionan sin piedad.

11 de octubre de 2004

Ingeniería Biomimética

Los científicos, ingenieros y las personas observadoras en general han estado siempre fascinados por los materiales que forman parte de estructuras de organismos vivos, o que estos usan para formar estructuras externas, como la tela de araña, por ejemplo. El hilo de la tela de araña, sin ir más lejos, es uno de los materiales que mayor fuerza de tensión puede soportar por unidad de peso, bastante más que un cable de acero.

Los tejidos duros de muchos organismos, como los dientes, los huesos o las conchas de los moluscos marinos o las tortugas, son otros materiales de interés para los investigadores. En general, estas estructuras están formadas por una mezcla de minerales y de moléculas biológicas, en particular proteínas. Por esta razón se les denomina materiales biocompuestos. La combinación de estos dos tipos de materiales en la forma en que los seres vivos lo hacen proporciona unas propiedades estructurales que ni las moléculas biológicas ni los minerales poseen por separado. Por ejemplo, las conchas de algunos caracoles marinos están formadas por una mezcla de proteínas y de cristales de carbonato cálcico, el mismo mineral que forma parte del mármol que decora nuestras cocinas y baños (y hasta puede ser utilizado en ocasiones para la escultura). Esta mezcla proporciona una resistencia a la fractura que es hasta tres mil veces superior a la resistencia del carbonato cálcico solo, y eso que las proteínas representan únicamente un pequeño porcentaje del peso del material. Si Miguel Ángel hubiera esculpido su David en una pieza de este material, su tobillo resistiría sin problemas varias veces el peso de la estatua.

Existe un considerable interés en comprender tanto la razón de las impresionantes propiedades de los materiales biocompuestos, como en elaborar procesos de fabricación de materiales similares, los cuales podrían tener múltiples usos industriales y médicos. Por ejemplo, es del mayor interés producir materiales biocompatibles de propiedades similares a los dientes o huesos naturales y que permitan reemplazarlos cuando sea necesario.

La elaboración y diseño de procesos de fabricación de materiales y estructuras similares a los encontrados en los seres vivos se denomina ingeniería biomimética. No es nada fácil reproducir en el laboratorio los procesos de fabricación de biomateriales. Para comprender por qué, basta con comparar la estructura de un mineral de la corteza terrestre con la de un compuesto biológico a base del mismo mineral. El carbonato cálcico que mencionábamos antes, por ejemplo, cristaliza en formas determinadas, que dependen exclusivamente de las propiedades del carbonato cálcico puro. Estas formas pueden ser diversas, pero suelen ser pocas y depender de condiciones determinadas de presión y de temperatura en el momento de su cristalización. Por ejemplo, el aragonito es un mineral que, como el mármol, está formado por carbonato cálcico, pero que ha cristalizado en forma de columnas, en general, de base hexagonal.

Sin embargo, las estructuras de los seres vivos formadas a base de carbonato cálcico, además de ser mucho más resistentes a la fractura que este mineral, no parecen limitadas en su forma por la manera en que el mineral cristaliza normalmente. No hay más que ver las extremadamente diversas formas de las conchas de los moluscos marinos, formadas la mayoría por una gran parte de carbonato cálcico, para comprobar que esto es cierto. Por otra parte, si la cristalización del carbonato cálcico sucede en el interior de la Tierra, en condiciones de temperatura y presión extremas, la cristalización de los biominerales, como se denomina a los biomateriales formados por minerales y moléculas biológicas, se produce en condiciones de presión y temperatura compatibles con la vida. De ahí el interés en comprender cómo pueden producirse estos procesos, para poder así intentar reproducirlos en condiciones suaves y respetuosas con el medio ambiente.

La espina del erizo de mar es una de las estructuras más duras y punzantes de todo el reino animal. Yo tuve el placer de comprobarlo pisando descalzo a uno de estos simpáticos animalillos que no hacen daño voluntariamente a nadie, pero que, sin embargo, Dios, en su bondad infinita, hubiera podido olvidar incluir en la creación del universo sin que nadie jamás pudiera reprocharle nada sobre la perfección de su obra. No obstante, reconozco que esta opinión no es del todo razonable. Sé hoy que no es conveniente despreciar a organismo alguno, o desear que no exista, por absurda que su existencia pueda parecer. Siempre podremos aprender algo de él.

Y, lo ha adivinado, aprender algo del erizo de mar, a pesar de las pésimas habilidades de comunicación de este, repito, simpático animalillo, es lo que han conseguido un grupo de investigadores del instituto Weizmann, en Israel. Cada espina del erizo de mar está formada por un único cristal de carbonato cálcico que, a todas luces, no tiene la forma del mineral que se encuentra en la corteza terrestre. Para entender cómo los erizos forman sus espinas, los investigadores estudiaron lo que sucedía cuando los erizos reparaban las espinas rotas. Era, sin duda, un espinoso asunto.

Lo que los investigadores aprendieron del erizo de mar y nos han contado a todos en un número reciente de la revista *Science*, es que el proceso de formación de las espinas sucede en dos etapas. En la primera, se genera un intermediario denominado carbonato cálcico amorfo, que no está cristalizado y puede asumir cualquier forma, como si de escayola o cemento se tratara. El erizo introduce este material, que poco a poco extrae del agua de mar, en un envoltorio de células vivas. Este envoltorio de células es el responsable de dar al carbonato cálcico la forma de espina. Tras darle esta forma, el carbonato cálcico cristaliza y se endurece, produciendo así la espina completa. Los investigadores no comprenden aún con exactitud cómo funciona este proceso, en el que seguramente están involucradas algunas sustancias producidas por las células que envuelven a la espina.

Semana a semana, el mundo va desvelándonos sus secretos gracias al trabajo detectivesco de numerosos científicos. Poco a poco, aprenderemos a reproducir muchos procesos de la Naturaleza para nuestros fines, lo que tendrá sin duda el efecto de mejorar nuestra calidad de vida y también la calidad del medio ambiente. Cuando lo consigamos, deberemos seguramente estar agradecidos a todos los organismos, incluso a los más negros y espinosos.

15 de noviembre de 2004

Marihuana y Salud Mental

La ciencia es muy cruel, por objetiva. Esto es debido a que la realidad es muy tozuda, aunque a veces sea difícil de descubrir, y mucho más difícil de aceptar. La ciencia es la actividad humana que intenta descubrir esa realidad que nos rodea, mirando a nuestro alrededor, observando, experimentando, en lugar de mirar, como muchos aún hacen hoy, al interior del ombligo para "decidir" cómo debe ser esa realidad. La realidad nunca será como nos gustaría. Simplemente es. Sin embargo, aún es necesario que seamos lo suficientemente valientes como para descubrirla y para aceptarla.

Digo todo esto porque los debates científicos son a veces utilizados como evidencia para apoyar la realidad que a algunos les gustaría. Puesto que el debate está abierto, es decir, no está probado que las cosas sean de un modo, son por tanto de otro modo. Y ese otro modo es el que el club al que pertenezco prefiere, claro. Por ejemplo, como no está demostrado científicamente que el uso adecuado del condón protege completamente contra la transmisión sexual del virus del SIDA, por consiguiente no protege. A mi juicio, este tipo de argumentaciones no es, sin la menor duda, a imagen y semejanza del que utiliza nuestro Creador (para aquellos que crean en él y en que se ocupa de nosotros, claro está), quien, en su infinita sabiduría, jamás se permitiría estas licencias a la lógica.

No es de esto de lo que quiero hablar hoy, sino de otro debate científico, también considerablemente influido por consideraciones de orden moral. Se trata del debate sobre el uso con fines terapéuticos de la marihuana, droga derivada de la planta *Cannabis sativa indica*, y si esta droga es "suave" o "dura" y debe o no legalizarse como el tabaco, que ahora tanto nos está costando erradicar. Por desgracia, los prejuicios sociales y políticos desarrollados en torno a ciertos temas frenan la necesaria investigación científica para obtener los datos imprescindibles que permitan tomar decisiones informadas. A pesar de esto, ciertos estudios acumulan evidencia sobre que el uso controlado de la *Cannabis* con fines terapéuticos podía resultar en más beneficios que perjuicios.

La investigación científica ha permitido descubrir que los principios activos de la *Cannabis* corresponden a una familia de compuestos a los que se denominó, en buena lógica, cannabinoides. La principal molécula activa de esta familia, identificada en 1964, fue el delta-9-tetrahidrocannabinol (THC). Hubo que esperar hasta 1990 para que se identificara el receptor, es decir, la molécula presente en la superficie de las neuronas, a las que el THC se une y cuya actividad modifica. Este receptor se denominó CB1 (supongo que corresponde a la abreviatura de cannabinoide uno) y su activación por la unión de THC produce una cascada de reacciones que acaban por modificar la conducta de las neuronas.

Tras la inhalación de cannabinoides, pueden producirse diversas respuestas fisiológicas, que incluyen sensación de sed, de apetito, problemas de coordinación motora y aceleración del ritmo cardiaco. Además, el sujeto puede sentirse relajado, dulcemente eufórico, o creer que percibe la realidad más intensamente. También se producen fallos de memoria y de la atención, distorsión en la percepción del tiempo y, a veces, crisis de angustia. La intensidad de estas respuestas depende, como es normal, de la dosis y del individuo que la recibe, puesto que los genes de cada individuo también influyen. Sea como sea, el receptor neuronal de los cannabinoides existe porque, ante todo, se une a sustancias, a neurotransmisores, producidas por nuestro propio cuerpo. La similitud de estructura química entre los cannabinoides y esos neurotransmisores es lo que posibilita que aquellos se unan a receptores que, en principio, no les estaban destinados. Y esta es la base de acción de buena parte de los medicamentos que usamos, que se unen a moléculas de nuestras células porque su estructura química es similar a las de otras sustancias naturales que también se unen a esas mismas moléculas.

Por esta razón, la marihuana pudiera poseer propiedades terapéuticas. Hace unos años, un equipo de científicos españoles comprobó que, en ratas, los cannabinoides son eficaces en el tratamiento del glioma multiforme, un tumor cerebral extremadamente maligno. Igualmente, un grupo de investigadores israelíes ha encontrado que uno de los cannabinoides producidos por nuestro propio cuerpo ejerce efectos muy beneficiosos, aunque de corta duración, en la recuperación de ratones sujetos a trauma neurológico experimental.

Sin embargo, no todo son buenas noticias. Muy recientemente, un grupo de investigadores europeo, en un estudio de cuatro años de duración con 2.500 jóvenes voluntarios de entre 14 y 24 años de edad, ha encontrado que el uso de marihuana durante esas edades incrementa el riesgo de desarrollar problemas psicóticos, entre los que se incluyen la esquizofrenia, alucinaciones y paranoia. El riesgo es un 6% mayor, en general, pero hasta un 50% mayor en personas predispuestas a sufrir de dichos síntomas, como por ejemplo en aquellos que tienen un familiar esquizofrénico o psicótico. Por supuesto, además de la predisposición genética, la dosis de droga inhalada también influye en el riesgo de desarrollar una psicosis, siendo este mayor cuanta mayor sea la dosis inhalada habitualmente, como es de esperar.

Estos resultados no invalidan los anteriores, pero arrojan una luz mortecina sobre la perspectiva de usar cannabinoides como medicamentos en el futuro. Si los cannabinoides inducen psicosis en algunos casos, es posible que los efectos secundarios puedan ser peores que la enfermedad que se pretenda aliviar. Sin embargo, estos estudios indican también que la interacción de los genes con los fármacos es algo muy a tener en cuenta, y que si los cannabinoides no deben ser usados en personas con una historia familiar de predisposición a la psicosis, quizá sí pueda ser de utilidad en otros casos.

Sea como fuere, el debate con la *Cannabis* sigue abierto, lo cual da pie, como decía al principio, para que cada uno abrace la parte de realidad, o de imaginario, que le interese, y que interprete estos estudios como la demostración irrefutable de que las drogas emanan del Mal, o que, por el contrario, los interprete simplemente como lo que son, un avance más en el estudio de una sustancia cuyos efectos hay que comprender mejor antes de poder decidir si se debe o no usar en beneficio de, al menos, algunas personas.

6 de diciembre de 2004

¿Está El Más Allá Más Acá?

La revista científica *Nature* publica esta semana un comentario sobre el trabajo de un grupo de investigadores suecos que intentan reproducir los estudios de Michael Persinger, investigador estadounidense afincado en Canadá, en los que este mostraba que la estimulación magnética del cerebro provoca experiencias espirituales; entre otras, la experiencia de sentir la presencia cercana de Dios, o de un ser divino.

Creo que la ciencia y la religión no se han llevado nunca bien, a pesar de los numerosos intentos, tanto por parte de autoridades religiosas como por parte de influyentes científicos creyentes, para reconciliar estos dos aspectos de la realidad, como algunos los definen. La batalla final entre ciencia y religión, sin embargo, puede estar cerca, al menos desde el punto de vista puramente racional. Si la ciencia es capaz de explicar el fenómeno religioso desde un punto de vista natural, si es capaz de averiguar las razones y el origen de su existencia y las bases neurológicas de su funcionamiento, si es capaz de explicar la religión en el más acá, y no apelando al más allá, la ciencia, en la opinión de muchos, habrá vencido.

En esta batalla lleva implicado desde hace años Michael Persinger. Por supuesto, este tipo de estudios no es del gusto de la mayoría, así que el Dr. Persinger ha tenido que financiarse él mismo sus investigaciones, lo que demuestra que el ateísmo no inmuniza contra el altruismo, ni contra la persecución de sueños o ilusiones, aunque sean sueños del más acá.

Este investigador abrazó la hipótesis de que todas las sensaciones, emociones, experiencias sobrenaturales, comunicaciones con ovnis y extraterrestres, y apariciones de los santos o de la virgen, (incluso las que suceden cada día en los campos de fútbol) poseen una base neurológica y son causadas por anomalías en el funcionamiento de nuestros cerebros, nada más.

Para intentar probar esta hipótesis, el Dr. Persinger se inspiró quizás en los estudios del investigador español José Delgado, quien, mientras trabajaba en la Universidad de Yale, USA, en los años 60 del pasado siglo, fue capaz de modificar la conducta de los animales mediante la estimulación de electrodos implantados en sus cerebros, e incluso llegó a detener así la carga de un toro en plena carrera.

Implantar electrodos en seres humanos para estudiar sus efectos no es algo éticamente aceptable, se crea o no en Dios. Por esta razón, el Dr. Persinger dedicó su atención a estudiar el efecto en el cerebro de campos magnéticos. Los campos magnéticos son fáciles de producir y pueden aplicarse a determinadas regiones del cerebro simplemente colocando un casco al sujeto voluntario, sin necesidad de perforarle previamente el cráneo.

Armado de su casco y de un generador de pulsos magnéticos, el Dr. Persinger ha sometido a más de novecientas personas a distintas combinaciones de pulsos magnéticos en distintas partes del cerebro. Así, ha encontrado que algunos pulsos magnéticos son capaces de provocar una sensación de gran bienestar; otros, de provocar una sensación de abandono del cuerpo y de "flotar en el vacío"; y otros, de provocar la sensación de una presencia divina, de alguien venido del más allá que los creyentes pueden definir como Dios y los no creyentes como un fantasma, o un extraterreste, alguien definitivamente no enteramente humano. Esto sucede, de forma repetible y en mayor o menor grado según cada cual, de acuerdo a la susceptibilidad de cada uno a este tratamiento. No es de extrañar, si tenemos en cuenta que entre nosotros existen numerosas diferencias de susceptibilidad, incluidas a la alergia, a diferentes enfermedades, a la telebasura, y también a determinadas ideas, así que, ¿por qué no a los campos magnéticos?

Estos resultados llevaron al Dr. Persinger a analizar si se producían fluctuaciones en el campo magnético terrestre que pudieran explicar algunos fenómenos de apariciones de vírgenes, santos u ovnis. De acuerdo con sus investigaciones, publicadas en revistas científicas, así es. Aparentemente, en zonas donde los terremotos son frecuentes, se producen intensas fluctuaciones magnéticas que podrían inducir sensaciones "místicas" a las personas más susceptibles. El Dr. Persinger llega incluso a analizar si esas zonas son más propensas a las apariciones de vírgenes, ovnis u otros fenómenos religiosos o paranormales y llega a la conclusión de que así es igualmente.

Recientemente, como decía al principio, un grupo de investigadores sueco ha intentado reproducir los resultados del Dr. Persinger, aparentemente sin conseguirlo completamente. En este caso, se realizó la experiencia con dos grupos, uno al que se sometía a campos magnéticos y otro al que no, y se comparó la frecuencia con que esas personas informaban de experiencias o sensaciones extrañas. Al parecer, no se han encontrado diferencias claras entre los dos grupos, y la frecuencia de experiencias "místicas" no era muy diferente según se aplicara o no un campo magnético. Aparentemente, en este caso, solo aplicar un casco desbordante de cables, sin enchufarlo, era suficiente para suscitar alguna extraña sensación, lo cual no es de extrañar mucho tampoco. De hecho, dos de cada tres personas a las que no se les aplicó campos magnéticos informaron de experiencias "místicas", lo cual es un porcentaje demasiado elevado como para reflejar la realidad.

El Dr. Persinger, conocedor de estos resultados, indica que no se han llevado a cabo de forma adecuada, sobre todo porque no se han aplicado campos magnéticos por un tiempo suficientemente largo como para inducir experiencias lo suficientemente intensas y reproducibles y quizá porque se ha sugestionado en exceso a los sujetos para "incentivar" las experiencias extrañas. Psicólogos y otros neurocientíficos que se han sometido voluntariamente a estas experiencias en el laboratorio del Dr. Persinger indican que la sensación es demasiado real como para que pueda ser debida simplemente a un efecto de sugestión causado por el entorno del laboratorio, y no debido al propio efecto del campo magnético.

Sea como sea, el debate está servido en más de un sentido. Por mi parte, pienso que las ideas y las creencias no deben ser respetadas, sino desafiadas; siempre, sin embargo, manteniendo un escrupuloso respeto a las personas que creen en ellas. No conviene confundir el respeto a las personas por el respeto a sus ideas. Quizá los estudios del Dr. Persinger o del grupo de investigadores sueco no sean determinantes ni finales, pero son un comienzo, algo que nos habla de que existe un mundo interior, aparentemente espiritual, que puede ser estimulado por fuerzas materiales exteriores, perfectamente explicadas por la ciencia. Tendremos que esperar algún tiempo para saberlo con certeza, pero mientras esperamos, por favor, crean lo que crean, mantengan siempre esa sana duda sobre sus creencias que nos protege del fanatismo y que facilita el respeto por los demás.

13 de diciembre de 2004

Atmósfera Navideña y Mercado Libre

PODRÍA PARECER QUE el método científico solo puede emplearse para estudiar átomos, moléculas, materiales o células. Sin embargo, también se emplea para estudiar nuestras motivaciones y nuestra conducta; sobre todo la inconsciente, esa que no podemos controlar a pesar de nuestra ilusión, bien mantenida por algunos mitos de nuestra cultura, de que controlamos todo nuestro interior y somos completamente libres. Sigmund Freud descubrió el inconsciente, pero, como con tantas otras cosas descubiertas por la ciencia, vivimos siendo inconscientes de la existencia de nuestro inconsciente.

Sin embargo, la influencia no consciente que muchos estímulos ejercen sobre nosotros puede influir, y mucho, en nuestra conducta, incluso en la elección de la persona con la que vamos a vivir, a tener hijos; la elección de nuestro trabajo y de nuestros amigos. Se llega incluso hasta el punto de que ciertos estímulos inconscientes influyen en la elección, aparentemente siempre racional y bien pensada, del regalo de Navidad que compramos a mamá.

Quienes ya no desconocen la existencia del inconsciente de los demás son los hombres de negocios, vendedores o fabricantes de todo tipo de productos. Quizá tengamos la impresión de que cuando decidimos comprar un determinado producto basaremos nuestra elección en la relación calidad/precio. Puede ser así, pero mientras el precio es un valor numérico, matemático y que se puede medir con precisión de céntimos de euro, la calidad es una cualidad que no podemos medir; es solo algo que percibimos, o que se nos hace percibir. Y esa percepción, como todas, depende del contexto en el que se percibe. Esto es ahora bien sabido por los *businessman*, quienes también realizan o financian investigaciones científicas con la intención de averiguar qué estímulos deben ser emitidos en un local comercial para aumentar nuestros impulsos de compra, o percibir un determinado producto como mejor que otro.

En este sentido, es particularmente ilustrativo echar una ojeada a las tablas de contenidos de algunas de las revistas que publican trabajos originales de investigación en este tema. En ellas, pueden verse artículos que estudian desde cómo la tipografía que se utilice para el nombre de una marca afecta a que dicha marca sea elegida o no por los compradores, a publicaciones que estudian el efecto de las ideas culturales sobre papel de cada sexo en la publicidad de un determinado producto.

En los tiempos que corren, este tipo de investigación es particularmente apropiado para la Navidad, fechas en las que aumenta la dedicación de nuestro tiempo a la obligada diversión de la compra de regalos a troche y moche. Si bien parece que tenemos la libertad de comprar lo que queramos, no parece que, en estas fechas, tengamos la libertad para comprar o no, aunque nos lo parezca. En realidad, estamos obligados a comprar... o a sufrir las consecuencias.

¿Qué compraremos y dónde lo compraremos? Estudios realizados hace un tiempo indican que, en estas fechas, los compradores potenciales acaban comprando más en locales y tiendas que ofrecen un ambiente navideño. Sin embargo, las cosas no son tan simples y no basta un arbolito con sus bombillitas de colores, o la música de villancicos tradicionales para convencer al inconsciente de los clientes a comprar.

Es claro que hoy en día los locales comerciales, al menos la mayoría de ellos, cuidan la imagen navideña que proyectan a sus visitantes, a quienes bombardean con villancicos, motivos navideños, belenes, e incluso adecuados aromas para la Navidad, como el de pino o abeto (aunque normalmente no usan el del cordero asado). Sin embargo, la mayoría de estos locales no emplean aún el método científico en la elección de la decoración y ambiente más adecuados para inducir los sistemáticos vaciado de bolsillos y el desgaste de las bandas magnéticas de las tarjetas de crédito.

Esto puede cambiar en el futuro, ya que investigaciones recientes, publicadas en el *Journal of Business Research*, indican que si los comerciantes no efectúan la adecuada inversión en los estímulos navideños que los clientes reciben al entrar en su local, el resultado puede ser contraproducente, y sus ventas pueden disminuir, en lugar de aumentar. Claro está, esto no lo quiere nadie, ni siquiera el inconsciente de los clientes.

Para estudiar el efecto de la atmósfera navideña en el impulso de compra, un grupo de investigadores de la Universidad del Estado de Washington, en la costa este de los Estados Unidos, ha analizado la conducta de ciento treinta voluntarios, a quienes se hizo visitar un local comercial preparado para la ocasión. A estas personas se les pidió que calificaran la atracción que sentían por la mercancía del local dependiendo de la ambientación que los investigadores decidían usar. Así, en el momento de la visita, podía sonar música navideña o, por el contrario, música ambiente no navideña. Al mismo tiempo, los voluntarios eran sometidos a un olor de pino, abetos y canela, o se paseaban por un local exento de fragancia alguna.

Los resultados son algo sorprendentes. El ambiente navideño compuesto por música y fragancia no pareció ejercer influencia alguna en la preferencia de los clientes por las mercancías del local. Los visitantes daban la misma calificación a la atracción que sentían por las mercancías, hubiera o no música y fragancias navideñas.

Sin embargo, si solo se usaba uno de los estímulos navideños, es decir, o la música o la fragancia, pero no la combinación de ambos, la calificación otorgada al atractivo de las mercancías disminuía de manera pronunciada. La conclusión de estos estudios parece ser que más vale que los locales inviertan adecuadamente en proporcionar una apropiada atmósfera navideña, y no lo hagan a medias, por ejemplo solo con música, o con el arbolito, o con el belén. En este caso, quizá sea mejor no adornar el local en absoluto. Sin embargo, puesto que como, decía antes, los clientes potenciales prefieren visitar locales adornados de Navidad, para bien vender, los locales deben estar adornados de manera completa, no valen medias tintas.

Es evidente que no espero que piense usted en estas cosas cuando se pasee por los locales y centros comerciales en busca de regalos de Navidad. Al fin y al cabo, no se olvide usted de que todo esto es inconsciente. Sin embargo, sí convendría que fuera usted consciente de que debe esforzarse por ser feliz, al menos en estas fechas, y evitar los excesos de bebida, de comida y, por qué no, también los excesos de familia, que a veces son los peores. ¡Felices Fiestas!

27 de diciembre de 2004

FIN DEL VOLUMEN II

www.ingramcontent.com/pod-product-compliance
Lightning Source LLC
Chambersburg PA
CBHW060827170526
45158CB00001B/101